地下水地球物理勘探

王　楠　闫冬冬　郑克雄
梁　帅　刘月东　段凌峰　等编

地质出版社
·北　京·

内 容 简 介

地下水的存在，可使含水岩层的电性参数发生变化，通过地球物理勘查查明物性异常特征，从而可以获取地下水资源的分布信息。本书简要介绍了地下水资源地球物理勘查中常用方法的原理及应用，主要包括常规电测深和电剖面方法、高密度电阻率方法、激发极化方法、瞬变电磁法、频率域的电磁测深法。

本书可供为广大水文及物探工作者参考使用。

图书在版编目（CIP）数据

地下水地球物理勘探 / 王楠等编. — 北京 ：地质出版社，2024.8

ISBN 978-7-116-13888-9

Ⅰ. ①地… Ⅱ. ①王… Ⅲ. ①地下水-地球物理勘探-研究 Ⅳ. ①P641.72

中国国家版本馆 CIP 数据核字（2023）第 221056 号

DIXIASHUI DIQIU WULI KANTAN

责任编辑：关会梅　李　莉
责任校对：王　瑛
出版发行：地质出版社
社址邮编：北京市海淀区学院路 31 号，100083
电　　话：(010)66554528（邮购部）；(010)66554626(编辑室)
网　　址：https://www.gph.clmpg.com.cn
传　　真：(010)66554686
印　　刷：北京地大彩印有限公司
开　　本：787mm×1092mm　1/16
印　　张：9
字　　数：220 千字
版　　次：2024 年 8 月北京第 1 版
印　　次：2024 年 8 月北京第 1 次印刷
定　　价：55.00 元
书　　号：ISBN 978-7-116-13888-9

前　言

自从人类在地球上出现，就为了其自身的生存与发展而不断地和水打交道，并随着人类社会的进步逐渐学会了如何开发利用水资源。地球物理勘查是地下水资源勘查、评价、开发监测最重要的方法技术之一，特别是在深部地下水资源的开发利用中，由于钻探成本高，地球物理方法的优势越来越明显。

在地下水资源勘查中，利用含水层的电性差异，可以通过地球物理方法查明其物性异常特征，从而获得地下水资源分布的信息。

本书共分为7章，第一章介绍自然界的水资源、地下水资源的形成，以及地下水的基本类型及特征；第二章介绍地下水勘探中常用的地球物理方法，包括常规电测深和电剖面法、高密度电法、激发极化法、电磁法、可控源音频大地电磁法（CSAMT）、井中地球物理方法；第三章介绍常规电阻率法的基础、人工电场的特征，以及电剖面法、电测深法的原理及应用；第四章介绍高密度电阻率法的基本原理与系统组构、野外工作方法，以及数据处理与解释技术；第五章介绍激发极化法，从激发极化效应的现象及其原因出发，分析其激发极化特征并选择测量参数，最后给出集中规则形体的激发极化异常特征；第六章介绍瞬变电磁法，先介绍其基本原理，再讲解其野外工作方法、工作布置和测量，最后阐述瞬变电磁法资料的整理和解释方法技术；第七章介绍频率域的电磁测深，首先介绍均匀大地表面谐变偶极子场和水平层状大地表面谐变偶极子场，再介绍频率域测深方法的视电阻率曲线特征，最后着重介绍可控源音频大地电磁测深法的原理与野外工作方法，并对其影响因素进行了分析。

第一章由王楠、闫冬冬、刘月东、邵陆森编写，第二章至第四章由段凌峰、郑克雄、孟庆鑫编写，第五章、第六章由梁帅、孙健、常江浩编写，第七章由杨松编写。王志贤、郝序军、赵家伟、穆长江、文超强、郭奇、石岩、付超完成了大量的野外和室内工作，冯焕、李彦芹、张彰、石占晖、钱敏霞、赵菲菲、刘晨、孙树劼等完成了大量文字编辑、图件清绘工作。在编写过程中，参考了国内外大量学者的研究成果，在此对原作者表示衷心感谢。本书的出版得到了河北省张承地区生态环境保护与修复技术创新中心的资助。

由于编者水平有限，书中难免有不当之处，请读者批评指正。

编者

2022. 08

目　　录

第一章 地 下 水

第一节 自然界的水分布及循环

一、地球上水的分布

水是生命之源，也是地球上分布最广泛的物质之一。地球各个层圈，从地球浅表直到地球深部都存在水。地球的演化、生命的起源，无不与水相关。

地球中水的起源存在多种假说。目前被普遍接受的看法是：地球形成时便有大量的水，地球浅表的水（包括海洋、河湖的水以及地下水）主要来自地球内部。

水以气态、液态、固态3种形式存在于大气、陆地与海洋，以及生物体内，它们组成了一个相互联系的、与人类生活密切相关的水圈。也就是说水存在于水圈之中。

存在于大气中的水称为大气水；存在于生物体内的水称为生物水；存在于陆地的水称为陆地水；存在于海洋的水称为海洋水。

大气中的水分包含水汽、水滴和冰晶。据调查，大气中的水分总量为$1.29\times10^4km^3$，占世界总储水量的0.001%，占淡水储量的0.04%。

生物水是生命有机体中的水分，约占生命有机体质量的80%，据研究，全球生物水的总量为$1.12\times10^3km^3$，占全球总储水量的0.0001%。这部分水的总量虽然很少，但它对维持生命活动起着非常重要的作用。

海洋中的水约占地球总储水量的96.5%，总量为$1.338\times10^9km^3$，海洋是地球上水量最多的地方，其面积约为$3613\times10^5km^2$，约占地球表面积的71%。

陆地水包括河水、湖水、沼泽水、冰雪水、土壤水和地下水。其中，河水为$2.12\times10^3km^3$，占地球总储水量的0.0002%；湖水为$1.764\times10^5km^3$，占地球总储水量的0.013%；沼泽水为$1.147\times10^4km^3$，占地球总储水量的0.0008%；冰雪水为$2.40641\times10^7km^3$，占地球总储水量的1.74%，占淡水总储量的68.7%（因此说冰雪水是地球上固态的淡水水库）；土壤水主要指储存在2 m以浅土层内的水，约为$1.65\times10^4km^3$，占地球总储水量的0.001%；地下水通常指储存在地壳含水层中的重力水，总量为$2.34\times10^7km^3$，占地球总储水量的1.7%，占淡水总储量的30.1%（其中地下水有大量的咸水）。地球浅部水的分布见表1－1－1。

二、水循环及模式

水循环：地球表面的水体在太阳辐射作用下蒸发上升至空中，被气流带动输送到各地，水汽在上升和输送过程中遇冷凝结以降水的形式回到地面或水体中，再以河流或地下水径流的形式汇入海洋。水分这样往复不断转移交替的现象叫水分循环，简称为水循环。

表 1-1-1　地球浅部水的分布

类型		水量/km³	比例/%	占淡水比例/%
大气水		1.29×10^4	0.001	0.04
生物水		1.12×10^3	0.0001	
海洋水		1.338×10^9	96.50	
陆地水	河水	2.12×10^3	0.0002	
	湖水	1.764×10^5	0.013	
	沼泽水	1.147×10^4	0.0008	
	冰雪水	2.40641×10^7	1.74	68.70
	土壤水	1.65×10^4	0.001	
	地下水	2.34×10^7	1.70	30.10
总储水量		1.39×10^9		
总淡水量		3.50×10^7		

从水循环的定义可见，水循环的动力是太阳辐射和地球引力，水分在太阳辐射的作用下离开水体上升到空中并向各地运动，又在重力的作用下回到地面并流向海洋。

水循环的内因是水的物理性质，它在不同的温度条件下，具有 3 种存在形式：气态、液态和固态，从而为水循环奠定了物质基础。

水循环一般包括 4 个阶段，即蒸发、水汽输送、降水、径流，这 4 个阶段缺少任何一个都将使水循环中断（图 1-1-1）。在有些情况下水循环可能没有径流这一过程，如海洋中的水分被蒸发在上升过程中遇冷凝结又降落到海洋之中，这个水循环就没有径流这一阶段。

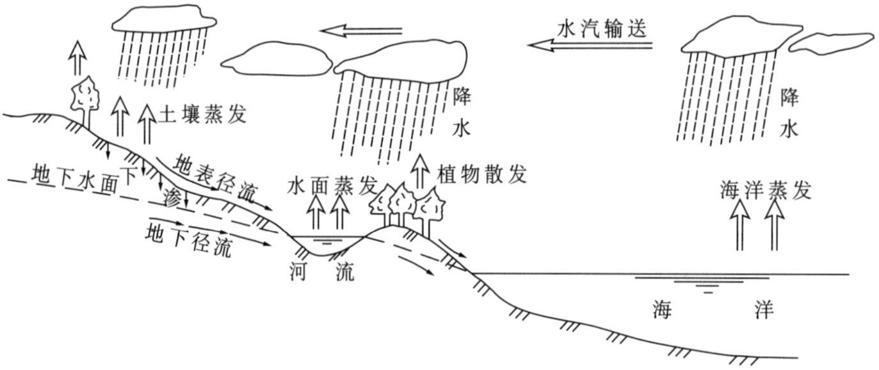

图 1-1-1　自然界水循环示意图

三、水循环的类型

根据水循环的过程可以把水循环分为大循环和小循环。

大循环是指由海洋上蒸发的水汽，被气流带到陆地上空，在一定的大气条件下降落到地面，其中有一部分以径流的形式汇入江河，重新回到海洋，这种海洋与大陆之间的水分交换过程叫大循环。

与大循环相对应的是小循环，陆地上的水在没有回到海洋之前，又蒸发到空中，或从海洋上蒸发的水汽在空中凝结以降水的形式回到海洋中，这种局部的水循环称为小循环。

对林业、水土保持、水利工作者来说，最为重要的是内陆的水分状况，这直接关系到人类改造自然的问题，因此研究内陆水循环就有着非常重要的意义。那么，什么是内陆水循环?

内陆水循环：陆地水分经蒸发和蒸腾上升到空中，与从海洋输送来的水汽一起再向内陆输送至离海洋更远的地方，凝结降水，然后再蒸散到空气中向内陆运动，直至不能形成降水为止，这种水循环称为内陆水循环。

参加内陆水循环的水分有哪些呢? 这主要包括大气下层的水汽、土壤上层的水分、植物根系范围内的水分、覆盖地面的冰雪上层的水分，这些水分经蒸发和蒸散顺风向内陆运动，重复增加内陆的水汽量。

从内陆水循环的定义可以看到，内陆水循环越活跃，输送到内陆的水汽量就越多，内陆的降水量就越大。我国内陆受西高东低地形的影响，阻滞了内陆水循环向西北地区的运动，这是我国西北地区降水量偏少的主要原因。水土保持工作中我们经常采用的各种工程措施和林草措施，主要目的就是阻止水的大循环，增加参加内陆水循环的水量，促进内陆水循环的发展，提高水分的利用率。

四、水循环周期

在改造自然的活动中，我们不但要了解各种水体的储量，还必须掌握它们交替更新的速度和周期。如果某一水体，它的更新速度快，更新周期短，那这种水资源的利用率就高。因此水循环周期是研究水资源的一个很重要的参数。

通常水分的交替更新周期用式（1－1－1）表示：

$$T = W/\Delta w \qquad (1-1-1)$$

式中：T 为交替周期（年、月、日、时）；W 为水体的储量；Δw 为每年参与水循环的活动量。

据研究，海水总量为 $1338 \times 10^6 km^3$，每年参与水循环的海水量为 $505000 km^3$，海水全部更新一次至少需要 2650 年，大气水的平均循环周期只有 8 天，河水平均 16 天就可更换一次。我国渤海的循环周期平均为 13 年。

以上介绍了水在地球上的分布、水循环现象及模式、水循环的类型、水循环的周期。我们研究水循环的根本目的就在于认识水循环的内在规律，揭露水文现象及其变动规律的内在联系，从而为人类利用自然、改造自然采取正确措施提供依据。

五、影响水循环的因素

影响水循环的因素主要包括以下几类：气候因素、下垫面因素、人为因素。

气候因素主要包括湿度、温度、风速、风向等，它是影响水循环的主要因素，在水循环的 4 个环节（蒸发、水汽输送、降水、径流）中，有 3 个环节取决于气候状况。一般情况下，温度越高，蒸发越旺盛，水循环越快；风速越大，水汽输送越快，水循环越活跃；湿度越高，降水量越大。另外，气候条件还能间接影响径流，径流量的大小和径流的形成过程都受控于气候条件。因此，气候是影响水循环最为主要的因素。

下垫面因素对水循环的影响主要是通过影响蒸发和径流起作用的。有利于蒸发的地区，水循环活跃；而有利于径流的地区，水循环不活跃。

人为活动对水循环的影响主要表现在调节径流、加大蒸发、增加降水等水循环的环节上。如修水库、淤地坝可拦蓄洪水、扩大水面积、抬高库区地下水位，从而加大了蒸发，促进了水分的循环。人类修建水利工程、修建梯田、水平条、鱼鳞坑等都能减少径流、增加入渗、增加土壤含水量，从而加大了蒸发，影响了水循环。封山育林、造林种草也能够增加入渗、调节径流、影响蒸发。因此说，人类活动是通过改变下垫面的性质、形状来影响水循环的。

第二节　地下水资源

一、概述

广义地下水是指蓄存并运移于地表以下土壤和岩石空隙中的自然水。狭义地下水则特指饱和带（饱水带）中岩土空隙中的重力水。

地下水是地球水资源的重要组成部分，与人类社会有着十分密切的关系，是人类生产生活的重要水源，同时又是重要的环境因子，对一个地区的生态环境起着极为重要的作用。

地面以下的水分在垂直剖面上的分布可以按照岩石空隙中含水的相对比例，以地下水面为界，划分为两个带：饱和带与包气带，如图 1－2－1 所示。

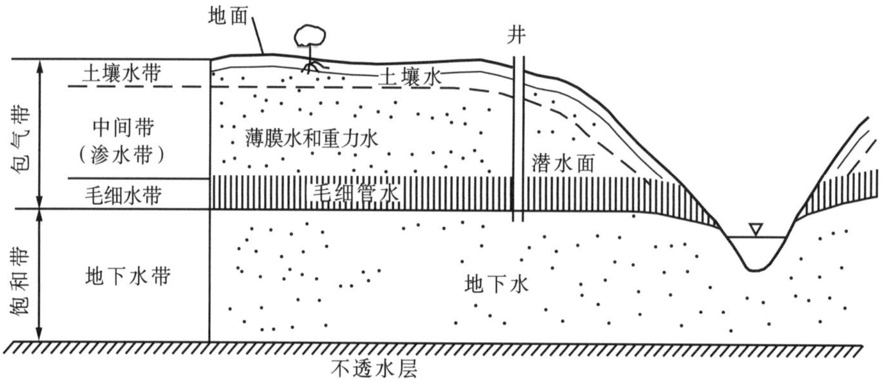

图 1－2－1　地面以下水的分布

1. 包气带

包气带就是地表到地下水面的岩土层。在包气带，岩石的空隙一部分被水所占据，还有一部分为空气所占据。包气带（充气带）从地下水面向上延伸至地面，从地面向下通常可进一步划分为 3 个带：土壤水带、中间带和毛细水带。

土壤水带从地表向下直到植物的主根带，厚度随土壤和植物类型而变化。土壤水带中的水没有达到饱和状态，只有当从降水或灌溉获得大量补给时，才会出现暂时性饱和。土壤水带的水分分布不仅受降水、灌溉、空气温度和湿度季节性变化及日变化等地表条件的影响，而且受埋藏浅的潜水位的影响。在渗水期（如降水、地面洪水泛滥和灌溉时期），该带水分向下运动，而蒸发与植物的蒸腾作用则使该带水分向上运动。土壤水是农作物根系供水的来源，在农业上具有重要意义。同时也对各种植物的生长，特别是干旱沙区一些沙生植物的生长更有着重要意义。土壤水带的水分形式主要有结合水、毛细水和一些过路性质的重力水。

中间带（过渡带、渗水带）介于土壤水带的下界与毛细水带之间。本带的厚度变化很大，如果潜水面太高，致使毛细水带扩展到地面或接近地表的土壤水带时，中间带的厚度为零；但当地下水面很深时，本带厚度很大，有时可达上百米。中间带的水为气态水、结合水和毛细水，此外还有过路性质的重力水。

毛细水带自潜水面向上扩展，其厚度取决于岩土的性质及孔隙大小。毛细水上升高度从粗粒物质中的接近于零变化到细粒物质中的 2～3m 或更高。毛细水带内的水分含量随着距潜水面高度的增加而逐渐减少，稍高出潜水面的孔隙实际上是饱和的；再向上，只有较小且连通的孔隙含水；更高的地方，能被水饱和的只是那些连通的最小孔隙。因此，毛细水带的上界具有不规则形状。在毛细水带中，水可以发生水平流动及垂直流动。

2. 饱和带

饱和带就是地下水面以下的岩土层。在大多数情况下，饱和带之上都存在着一个包气带，后者向上一直延伸到地表。饱和带的上部界线或者是饱和水面或者覆盖着不透水层，其下部界线则为下伏不透水层，如黏土或基岩。

饱和带岩石的所有孔隙均为水所充满，有重力水，也有结合水。重力水（包括潜水和承压水）是开发利用的主要对象。

二、地下水的形成条件

地下水的形成必须具备两个条件，一是有水分来源，二是要有储存水分的空间。它们均直接或间接受气象、水文、地质、地貌和人类活动的影响。

1. 自然地理条件

自然地理条件中，气象、水文、地质、地貌等对地下水影响最为显著。大气降水是地下水的主要补给来源，降水的多寡直接影响到一个地区地下水的丰富程度。在湿润地区，降水量大，地表水丰富，对地下水的补给量也大，一般地下水也比较丰富；在干旱地区，降水量小，地表水贫乏，对地下水的补给有限，地下水量一般较小。另外，干旱地区蒸发强烈，浅层地下水浓缩，再加上补给少，循环差，多形成高矿化度的地下水。

影响地下水形成的地质条件主要是岩石性质和地质构造。岩石性质决定了地下水的储存空间，它是地下水形成的先决条件；地质构造则决定了具有储水空间的岩石能否储存住水以及储存水量的多少等特性。

除了一些结晶致密的岩石外，绝大部分岩石都具有一定的空隙。坚硬岩石中地下水存在于各种内、外动力地质作用形成的裂隙之中，分布极不均匀；松散岩层中地下水存在于松散岩土颗粒间形成的孔隙之中，分布相对较为均匀。在一些构造发育、断层分布集中的地区，岩层破碎，各种裂隙密布，地下水以脉状、带状集中分布在大断层及其附近。在构造盆地，由于基底是盆地式构造，其上往往沉积了巨厚的第四系松散沉积物，再加上良好的汇水条件，多形成良好的承压含水层，蕴藏着丰富的自流水。

2. 含水层和隔水层

自然界的岩石和土壤大多为多孔介质，它们本身的空隙性有很大差异，有些含水，有些不含水，有的虽然含水但很难透水。饱和带中的岩层，根据其给出水的能力，可划分为含水层与隔水层。

含水层是指能够给出并透过相当数量水的岩体。这类含水的岩体大都呈层状，所以称为含水层，如砂层、砾石层等。含水层不但储存水，而且水在其中可以运移。非固结沉积物是最主要的含水层，特别是砂层和砾石层，这种含水层具有良好的透水性能，条件适宜时在其中打井可获得丰富的水量。碳酸盐类岩石也是主要的含水层，但碳酸盐岩的空隙性和透水性变化很大，取决于裂隙和岩溶的发育程度。

隔水层是指那些既不能给出又不能透过水的岩层，或者它给出或透过的水量都极少。隔水层通常可分为两类：一类是致密岩石，其中没有或很少有空隙，很少含水也不能透水，如某些致密的结晶岩石（花岗岩、闪长岩、石英岩等）；另一类是颗粒细小，孔隙度很大，但孔隙直径小，岩层中含水，但存在的水绝大多数是结合水，在常压下不能排出，也不能透水。

含水层与隔水层的划分是相对的，它们之间并没有绝对的界线，在一定条件下两者可以相互转化。如黏土层，在一般条件下，由于孔隙细小，饱含结合水，不能透水与给水，起隔水层作用。但在较大的水头压力作用下，部分结合水发生运动，从而转化为含水层。从广义上讲，自然界没有绝对不含水的岩层。

构成含水层，必须具备储水空间、储水构造和良好的补给来源 3 个条件。首先，要存在储水空间，即孔隙、裂隙和溶隙等空隙，这是储存地下水的前提条件。其次，存在有利储水地质构造，即含水层下部要有隔水层托住重力水，并在水平方向上具有某种隔水边界，使之不致完全流失，水能在岩层空隙中保存住。最后，要有足够的水源，使储水空间能不断地获得补给，方能成为含水层。

3. 岩石中水的存在形式

存在于岩石空隙中的水，有气态水、结合水、重力水、毛细水、固态水，还有存在于矿物中的水，它们可以在一定条件下相互转化。

结合水的产生，原因在于松散岩石的颗粒表面和坚硬岩石空隙壁表面都带有电荷，从而吸附水分子，使水分子失去自由活动能力，不能在自身重力作用下运动。其厚度相当于几百至几千个水分子直径，特点是密度较大，有一定抗剪强度，黏滞性、弹性高于普通液态水，溶解盐类能力较低。

距离固体表面较远的水分子，自身重力大于固体表面对它的吸引力，这部分可以在自身重力作用下运动的水称作重力水。重力水存在于岩石较大的空隙中，具有液态水的一般特性，能传递静水压力，具有溶解岩石中可溶盐的能力，是人们开发利用的主要对象。

而存在于岩石细小孔隙中，既受重力又受表面张力作用的水，称作毛细水。表面张力可使水沿细小空隙上升，当重力与表面张力所产生的上升力平衡时，水便停留在细小孔隙（毛细管）的某一高度上。毛细水又可分为支持毛细水（在地下水面之上，由于毛细力作用，水沿细小孔隙上升，在地下水面之上形成一个毛细水带，它受地下水面的支持和补给）和悬挂毛细水（与地下水面没有联系，悬挂在包气带中的毛细水）。

在不饱和带的岩石空隙中存在着气态水。它可以是来自地表大气中的水汽，也可以由岩石中其他形式的水蒸发形成。它可以随空气的流动而移动；当空气不流动时，它也能从水汽压力大的地方向水汽压力小的地方迁移，并且在一定温度、湿度和压力条件下与液态水相互转化，即蒸发和凝结。当岩石空隙中水汽增多达到饱和时或是周围温度降低至露点温度时，气态水开始凝结而形成液态水。由于气态水在一地蒸发又在另一地凝结，因此，对于岩石中地下水的重新分布有一定影响。

以固态形式存在于岩石空隙中的水称为固态水。在多年冻土区和季节冻土区，岩石的温度低于0℃，空隙中的液态水可转变为固态水。我国东北和青藏高原一部分地下水常年保持固态，形成多年冻土。

4. 岩石的透水性

岩石的透水性是指岩石允许水透过的能力，用渗透系数（K）表示，渗透系数具有与渗透速度相同的量纲（$L \cdot T^{-1}$），单位为m/d或cm/s。岩石的渗透系数越大，渗透性能越好（表1-2-1）。

表1-2-1　松散岩石渗透系数参考值　　单位：m/d

岩石	渗透系数	岩石	渗透系数
亚黏土	0.001~0.10	中砂	5.0~20.0
亚砂土	0.10~0.50	粗砂	20.0~50.0
粉砂	0.50~1.0	砾石	50.0~150.0
细砂	1.0~5.0	卵石	100.0~500.0

注：此表为一般经验值，仅供参考。　　（据王大纯等，1995）

岩石透水性能主要取决于岩石空隙的大小和连通程度。设想一个理想圆管状的纵断面，空隙的边缘上分布着一般条件下不能运动的结合水，其余为重力水。由于空隙壁上不运动的结合水对于重力水存在着摩擦阻力，以及重力水质点之间存在着摩擦阻力，最靠边部的重力水，流速趋于零，中心部位流速最大。所以，流速大小与空隙直径有关，空隙直径愈小，结合水所占的无效空间比例愈大，实际渗透断面就愈小，重力水所能达到的最大流速便愈小；当空隙直径小于两倍结合水厚度时，一般条件下，岩石则不能透水。一般说来岩石的给水性越好，持水性越差，则岩石的透水性能就越好。

渗透系数不仅与岩石的性质有关，还与渗透液体的黏滞性、温度有关，通常情况下，由于水的物理性质变化不大，可以忽略，因此，可把渗透系数看成单纯说明岩石渗透性能的参数。

渗透性好的岩层，不一定都能形成含水层，那些只能透水而含不住水的岩层称为透水层。在野外常见到有的岩层空隙大，连通性好，透水性强，具有很大的泄水能力，但因下部没有托水的隔水层或水平方向缺乏隔水边界，岩层中一般很少含有地下水，这种岩层称作透水层。透水层与隔水层之间没有严格的界线，一般是用岩石的渗透系数来区分：$K \geqslant 0.001$m/d的岩石划为透水层，$K < 0.001$m/d的岩石归入隔水层。

三、人类活动对地下水的影响

随着社会的发展，人类对水资源的需求越来越多。统计资料表明，水资源的需求量与社会进步和生活水平的提高成正比，美国、英国等发达国家的人均年用水量远高于发展中国家。近年来，人类活动对地下水的影响范围和强度都在不断扩大和加强：人类对地下水的开采量不断增加导致地下水水位下降，引起一些大、中城市地面沉降；沿海地区海水入侵地下水含水层；内陆平原地下水水位下降，地表植被退化，土地荒漠化。人类为调节径流，大力兴修水利，改变了地下水的补给、径流和排泄条件，破坏了天然状态下的地下水平衡，如措施不当，则会产生土壤次生盐渍化，破坏生态平衡，促使环境恶化。此外，人类生产和生活排放的污水和废料进入地下含水层造成地下水污染。

人类采取科学措施对地下水进行合理的开发、保护，对促进地下水的循环和改善地下水条件非常有益。如在一些引客水灌区，适当控制地表水灌溉量，增加地下水开采量，可降低地下水水位，防治土壤盐碱化。在一些因开采过量而导致地下水水位大幅度下降，引起地面沉降的城市，采用人工回灌方法可提高地下水水位，控制地面沉降。在一些地质条件合适的地方，可将地表水引入地下，将水储存在地下含水层中，增加地下水水量，形成“地下水库”，在需要时抽取使用。

人类活动的增加对地下水的影响会越来越大，这是社会发展的必然。地下水的变化导致旧的水盐平衡被打破，形成新的平衡。我们应该认识和掌握地下水变化的规律，采取科学的方法，对地下水进行合理的开发和利用，使它的变化向着有益于生态环境改善和有益于人类生存的方向发展。

第三节　地下水的基本类型

一、地下水类型划分

按成因地下水可分为凝结水、渗入水、埋藏水、原生水等；按含盐量地下水可分为淡水、微咸水、咸水、盐水和卤水；按力学性质地下水可分为结合水、毛细水和重力水等。

目前应用比较广的、具有代表性的分类法是依据地下水的埋藏条件和含水层的空隙性质进行划分的综合分类法（图1－3－1）。地下水的埋藏条件是指含水层在水文地质剖面中所处的部位及受隔水层限制的情况。

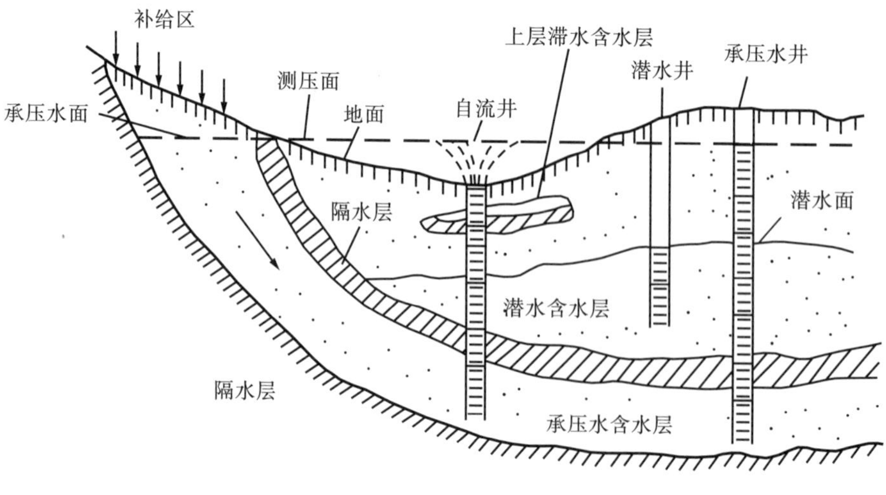

图1－3－1　潜水、承压水及上层滞水含水层

综合分类法，首先按埋藏条件将地下水分为包气带水、潜水和承压水，再按照含水层空隙性质，分为孔隙水、裂隙水和岩溶水。将两者组合成为9种复合类型的地下水，如表1－3－1所示。

表1－3－1　地下水综合分类组合

分类	孔隙水	裂隙水	岩溶水
包气带水	各种松散沉积物中的土壤水，存在于局部隔水层上的季节性重力水、过路重力水及悬挂毛细水	裸露裂隙岩层中的季节性重力水及毛细水	裸露岩溶化岩层上部岩溶通道中的季节性重力水
潜水	各种松散沉积物浅部的水	裸露于地表各类裂隙岩层中的水	裸露于地表的岩溶化岩层中的水
承压水	松散沉积物构成的山间盆地、自流斜地及堆积平原深部的水	构造盆地、向斜单斜或断裂带裂隙岩层中的水	构造盆地、向斜单斜或断裂带岩溶化岩层中的水

二、埋藏条件分类

1. 包气带水

包气带水可分为重力水和非重力水两种。非重力水主要是结合水和毛细水。从实际研究和应用来分，包气带水主要有土壤水和上层滞水。

土壤水是位于地表附近土壤层中的水，主要为结合水和毛细水。它主要靠降水入渗，水汽凝结和地下潜水面的补给。大气降水向下渗透，必须通过土壤层，这时渗透水的一部分就保持在土壤层中，成为所谓"田间持水量"（即土壤层中最大悬挂毛细水含量），多余部分呈重力水下渗补给潜水。

上层滞水是存在于包气带中局部隔水层或弱诱水层之上的重力水。上层滞水的形成是在大面积透水的水平或缓倾斜岩层中，有相对隔水层，降水或其他方式补给的地下水向下部渗透过程中，因受隔水层的阻隔而滞留、聚集于隔水层之上，形成上层滞水。

上层滞水的埋藏条件决定了它们具有以下特点：①上层滞水的水面是一个可以自由涨落的水面。该水面仅承受大气压力而不承受静水压力。②上层滞水分布范围不广，水量小，季节性变化强烈，雨季水量大，旱季水量减少，甚至完全干枯。③接受降水或地表水入渗补给，以蒸发或侧向散流排泄，分布区和补给区一致。④一般矿化度低，由于直接与地表相通，易受污染。

2. 潜水

保存在地表以下第一个含水层中具有自由水面的重力水称为潜水。潜水可存在于松散沉积物中，也可存在于基岩裂隙中。

潜水要素有潜水面、潜水埋藏深度、潜水位、潜水含水层厚度、潜水面的水力坡度。

潜水的自由表面称为潜水面，其下部的隔水层称隔水底板，潜水面和隔水底板构成了潜水含水层的顶界和底界，其间全部被水充满，称作潜水含水层。

3. 承压水

充满两个稳定不透水层（或弱透水层）之间的重力水称为承压水（图1－3－2）。上部隔水层称隔水顶板（或叫限制层），下部隔水层叫隔水底板。顶、底板之间的垂直距离是承压含水层的厚度。

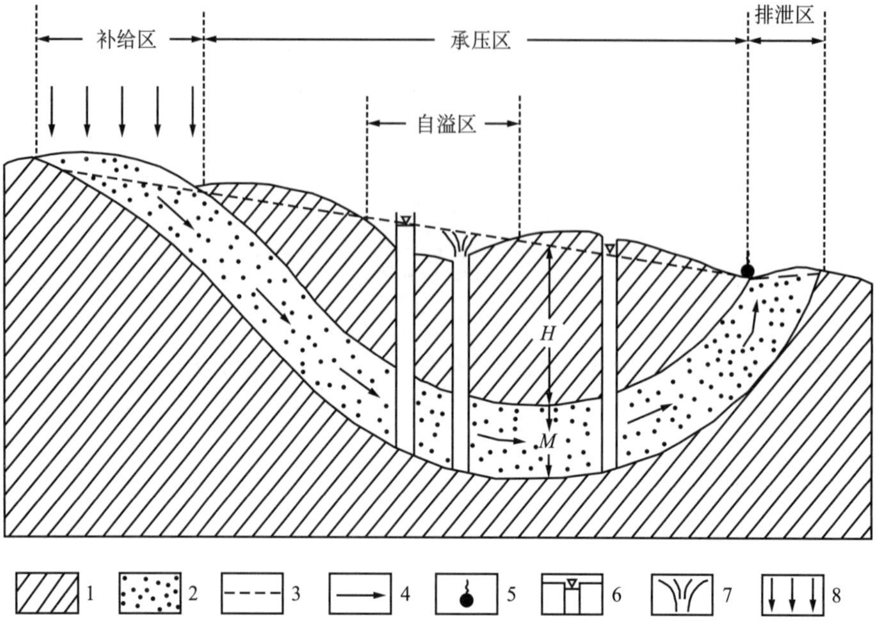

图 1－3－2　承压水

1—隔水层；2—含水层；3—地下水位；4—地下水流向；5—泉（上升泉）；6—钻孔；7—自流井；8—大气降水补给。*H*—压力水头高度；*M*—含水层厚度

当钻孔揭穿承压含水层的隔水顶板时，就见到地下水，此时井孔中的水面高程称为初见水位。此后井中水位不断上升，到一定高度后便稳定下来，不再上升，此时该水面的高程称为稳定水位，也即该点处承压含水层的承压水位（也叫测压水位）。承压含水层某一点，由隔水层顶界面到测压水位面的垂直距离叫作该点处承压水的承压水头（也即静止水位高出含水层顶板的距离）。当测压水位面高于地面时，承压水头称为正水头，反之为负水头。

埋藏条件决定了承压水具有与潜水和上层滞水显著不同的特征。

1）承压性。承压含水层的顶面承受静水压力是其基本特点。承压水充满在两个隔水层之间，补给区位置较高而使该处具有较高的势能，由于静水压力传递的结果，使其他地区的承压含水层顶面不仅承受大气压力和上覆岩土的压力，而且还承受静水压力，其水面不是自由表面。在承压水位高于地表时，可以沿天然或人工开凿的通道溢出地表，所以又称作自流水。含水层没有被水所充满，有与潜水性质相似的自由水面，则称为层间无压水。

2）分布区和补给区不一致。补给区位置一般较高，通过含水层出露地表接受补给（这里的水已变为潜水），水由补给区进入承压区，受隔水层限制，通过静水压力的传递，使含水层充满水，补给区往往小于分布区。

3）受外界影响相对较小，动态变化相对稳定。由于上部隔水层的阻隔，承压水与大气圈及地表水的联系不如潜水密切，其水位、水量、水质等受水文、气象因素变化影响不显著，动态相对稳定。承压水不易受污染，一旦被污染后，则很难恢复。另一方面，承压含水层分布范围较大，往往具有多年调节性，常被用作大型供水水源。

4）承压含水层厚度变化较小，不受降水季节变化的支配。承压含水层水量的增加或减少，表现为承压水位的升降变化，而含水层自身厚度变化较小。

5）承压水水质类型多样。承压水的水质从淡水到矿化度极高的卤水都存在，具备地下水的各种水质类型，并有垂直或水平分带规律。

形成承压水的埋藏条件是上、下均有隔水层，中间是透水层，其次是水必须充满整个透水层。

下面几种岩层组合，都可形成承压水：黏土覆盖在沙层上；页岩覆盖在砂岩上；页岩覆盖在溶蚀灰岩上；致密不纯的灰岩覆盖在裂隙、溶隙发育的灰岩上；致密溶岩覆盖在多孔溶岩上。

承压水的形成与地质构造有密切关系，只要有适合的地质构造，无论是松散沉积物还是基岩，都可形成承压水。最适宜于承压水形成的地质构造是向斜构造和单斜构造。

适宜于形成承压水的向斜构造或构造盆地，称为承压水盆地或自流盆地，它可以是大型的复式构造，亦可以是单一的向斜构造。承压水盆地一般包括补给区、承压区和排泄区3个组成部分。

补给区出露于盆地边缘较高的部位，含水层上部无隔水层覆盖，可直接接受大气降水或地表水的补给。这部分地下水属于潜水，具有自由水面，不承受静水压力，并有明显的季节性变化。

含水层出露地表，位置较低处为排泄区，一般是被河谷切割，地势相对低洼。

承压区是位于补给区与排泄区之间的地段，由于上部不透水层的阻隔，含水层顶界面承受静水压力。承压区一般位于盆地中部，分布范围较大，在承压水水位高于地面高程时，可形成自流水。自流水通过潜水、地表水和泉水的形式排泄。

三、含水层空隙性质分类

1. 孔隙水

孔隙水是指埋藏于松散岩层孔隙中的地下水，既可以形成承压水，也可以形成无压水。在我国，孔隙水主要赋存于第四系松散岩层和第三系（古近－新近系）半固结岩层中。

孔隙水的分布及水量相对比较均匀，连续性好，同一含水层内水力联系密切，具有统一的地下水面；孔隙水多呈层状分布，含水层的透水性、给水性等水理性质较裂隙水和岩溶水变化小，在同一岩层中很少出现突变现象；孔隙水的运动大多属于层流运移，遵循达西定律。

孔隙水的分布和运动受沉积物类型和地貌的控制，一般根据沉积物的成因类型和地貌条件，孔隙水分为山前倾斜平原孔隙水、河谷地区孔隙水、冲积平原孔隙水、山间盆地孔隙水、黄土地区孔隙水和沙漠地区孔隙水等。

2. 裂隙水

基岩地下水可以分为裂隙水和岩溶水两类。

裂隙水是指保存在坚硬岩石裂隙中的地下水。岩石裂隙空间是裂隙水储存和运移的场所，所以裂隙的类型、性质和发育程度等直接影响裂隙水的埋藏、分布与运移规律。与孔隙水一样，按埋藏条件，裂隙水可分为裂隙潜水和裂隙承压水。

岩层中裂隙的发育和分布极不均匀，裂隙空间分布不均且具有方向性，造成裂隙水的分布和运移与孔隙水有很大差别。分布不均及水力联系各向异性是裂隙水不同于孔隙水的突出特点。

孔隙水主要受含水层岩性的控制，而裂隙水的分布和聚集明显受地质构造条件的控制。在有利的构造条件下，各类岩层中均可找到相对富水地段，而在不利的构造条件下，即使力学性质最有利的石灰岩中也不一定富水。由于储水裂隙在岩石中分布不均匀，裂隙水埋藏与分布极不均匀，在岩石裂隙发育部位，容易富集地下水；在裂隙不发育或根本无裂隙存在的部位，地下水难以存在。这样在不同的地段，岩层的导水性和储水能力有很大差别，甚至在同一地段同一岩层钻孔，出水量可相差几十倍甚至上百倍。

裂隙水的分布形式可呈层状、脉状或带状。在裂隙发育均匀、开张性和连通性好、充填物少的岩层中，裂隙水呈层状分布，具有很好的水力联系和统一的地下水面。在裂隙发育不均匀、连通性差，特别是局部有裂隙分布的地段，裂隙水呈脉状分布，形成含水裂隙体系。同一岩层中的各含水裂隙体系之间水力联系较差，往往无统一的地下水面（图 1-3-3）。

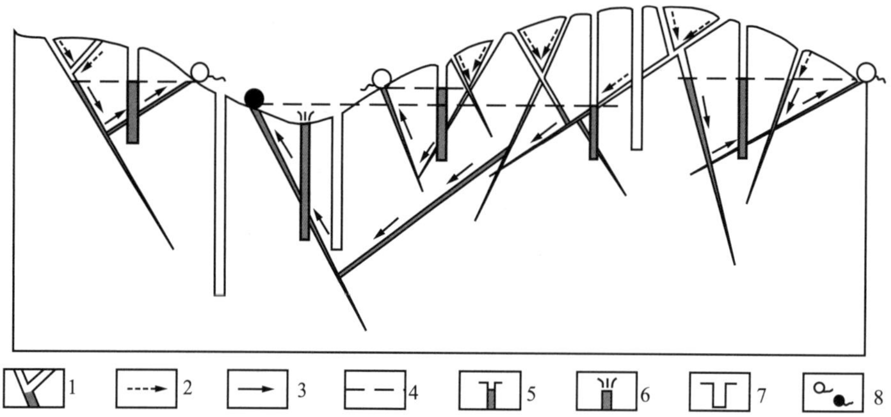

图 1-3-3　脉状裂隙水示意图

1—张开裂隙（空白为不含水裂隙）；2—包气带水流向；3—饱水带水流向；4—地下水水位；5—水井；6—自流井；7—无水井；8—泉（空白为季节性）

裂隙水的水动力性质比较复杂，在流动过程中呈明显的各向异性。岩层中，沿某个方向裂隙发育程度好，开启性好，导水性强；而沿另一些方向则裂隙发育不好或不发育，就导致裂隙水的水力联系沿不同方向强弱不一，导水性强的裂隙往往成为地下水集中流动的通道。裂隙水在裂隙中的运动速度一般较小，水流多呈层流状态，地下水的流动服从达西定律。但在一些宽大裂隙中，水力坡度较大时，可呈紊流状态。裂隙水主要分布于基岩山区，平原区埋藏于松散沉积物之下的基岩中，地表很少出露。按裂隙成因，可进一步将裂隙水分为风化裂隙水、成岩裂隙水和构造裂隙水。

3. 岩溶水

岩溶又称为喀斯特，它是在以碳酸盐岩为主的可溶性岩石分布区，由水流与可溶性岩石相互作用的过程以及由此产生的各种地质现象的总和。在地表典型的岩溶地貌有石林、孤峰、落水洞、波立谷等，地下则形成溶孔、溶洞、暗河等。在岩溶孔隙中保存和运移的地下水便是岩溶水。

岩溶水不仅是一种具有特殊性质的地下水，而且也是一种活跃的地质营力，它在运移过程中，不断与岩石作用，改造自身的赋存环境，形成独特的分布和运动特征。

由于岩溶空隙发育的不均匀，裂隙宽度大小不一，连通程度各不相同，层流与紊流并存。在一些细小的裂隙中，水流因阻力大而流动缓慢，流态为层流；而在一些连通性和开启性好的裂隙中，水流阻力小，流速大且水量集中，多呈紊流状态。如石灰岩的原生孔隙很小，透水性能差，但经溶蚀后形成不同形状的溶隙，如溶蚀漏斗、溶洞等，不同空隙空间的大小和透水性可以相差几个数量级，一些巨大的地下管道和溶洞，可成为地下暗河，加上岩溶发育在空间上的差异性，造成岩溶水的分布极为不均匀。同时，岩溶空间主要是在裂隙空间的基础上发展形成的，裂隙空间的方向性和其透水性能各向异性的特点在岩溶介质中得到继承和加剧，因此，透水性能各向异性是岩溶介质的另一个显著特点。有时在同一水力系统的不同过水断面上，渗透系数、水力坡度、渗透流速都各不相同，层流与紊流并存。还可表现为岩溶水的水位与流量过程呈现强烈的季节性变化，其水位变幅可达几十米，流量变幅达几十倍。

岩溶含水层的富水程度与岩溶发育程度密切相关。一般来说岩石可溶性好、地下水径流通畅，而交替强烈的地段是岩溶发育良好的地段，也是岩溶水富集的地段。在以下一些地段往往赋存有丰富的岩溶水：厚层纯石灰岩分布区；可溶性岩石的构造破碎部位；可溶性岩石与非可溶性岩石或可溶性极强与可溶性弱的岩层交界面附近；硫化物矿床氧化带；地表水体附近及其他岩溶水排泄部位。

四、潜水

1. 潜水的特征

保存在地表以下第一个含水层中具有自由水面的重力水称为潜水。潜水可存在于松散沉积物中，也可存在于基岩裂隙中。

（1）潜水要素

潜水要素有潜水面、潜水埋藏深度、潜水位、潜水含水层厚度、潜水面的水力坡度。

潜水的自由表面称为潜水面；其下部的隔水层称隔水底板；潜水面和隔水底板构成了潜水含水层的顶界和底界，其间全部被水充满，称作潜水含水层。表示潜水特性的参数还有：潜水埋藏深度（h）——潜水面至地表的距离（m）；潜水位（H）——潜水面上任一点的海拔高程（m）；潜水含水层厚度（M）——潜水面至隔水底板的铅直距离（m）；潜水面的水力坡度——潜水流动方向上单位距离的水位差。

（2）潜水的特征

1）潜水面是一个仅承受大气压力的自由水面。由于潜水之上没有隔水层或只有局部隔水层，潜水面直接与包气带相连接构成潜水含水层的顶界面。

2）潜水在重力作用下，由潜水位高处向低处做下降运动，其流动速度取决于含水层的渗透性能及水力坡度。

3）潜水的分布区与补给区一致。潜水通过包气带和大气圈发生水力联系，在其分布范围内，通过包气带接受大气降水、地表水及灌溉渗漏水的入渗补给。大多数情况下，潜水的分布区就是补给区。潜水积极参与自然界的水循环，资源易于补充恢复。潜水资源被消耗后，一遇降水、灌溉等，即可得到补给，资源可以很快得到恢复。此外，因其埋藏浅且与包气带直接相通而易受污染。

4）潜水的排泄方式有径流排泄和蒸发排泄两种。径流排泄是在重力作用下，流到适当地形处，以泉、渗流等形式泄出地表或流入地表水及其他水体；蒸发排泄则是通过包气带或植物蒸发进入大气。

5）潜水动态具有季节性变化的特点。由于潜水直接通过包气带与大气圈及地表水圈发生联系，所以气象、水文因素的变化对它的影响显著。潜水位、埋藏深度、水量和水质等均明显受影响并随时间呈现季节性变化。

综上所述，潜水的基本特点是通过包气带与大气圈和地表水联系密切，积极参与自然界的水循环。产生此特点的根本原因是由于其埋藏特征——埋藏浅，上部无连续隔水层。

2. 潜水面的形状

潜水面为无压自由表面。它反映潜水含水层中势能在平面上的分布情况。潜水在重力作用下运动，使潜水面具有一定的坡度，常形成向排泄区倾斜的曲面。

潜水面虽然是一个自由表面，但由于受到埋藏地区地形条件、岩性和水文等自然条件的限制和影响，可以呈现多种形状，潜水面的坡度及起伏首先与地表形态有密切关系，一般情况，潜水面的形状与地表面的形状有一定的相似性，地面坡度越大，潜水面的坡度越陡，但是潜水面的起伏变化相对较为缓和，坡度总是小于地面坡度。

含水层的渗透性能和厚度的改变也能引起潜水面坡度的变化。含水层导水性能变好的地方，如含水层厚度增大、岩石颗粒变粗的地方，潜水面坡度相应变缓；反之，潜水面坡度会变大。在某些特定情况下，如在盆地或洼地中沉积了较厚的松散沉积物，在补给量不大时，水不能溢出洼地之外，则潜水面呈水平状态，潜水不能流动，而形成潜水湖。这种情况在内陆河流域、补给量小的情况下易于形成。

大气降水、蒸发可使潜水面变化。降水可使潜水面上升，水量增加；蒸发使潜水面下降，含水层厚度变薄。

地表水对潜水面的影响在地表水体附近，当潜水面高于地表水的水位时，地表水体排泄潜水，潜水面向地表水体方向倾斜；当潜水面低于地表水面时，地表水补给潜水，潜水面向地表水体方向逐渐抬升。

由于气候、水文等自然因素是随时间不断变化的，潜水面的位置和形态亦是因时而异的。如一些河谷盆地中的潜水湖，在旱季由于补给量少，潜水储存量小而形成潜水湖，雨季则因获得大量补给，潜水面上升而成倾斜曲面，潜水含水层则由静止状态的潜水湖转变为潜水流。

除上述自然因素外，开河挖渠、修建水库、开发潜水以及灌溉水的回渗等也都会改变潜水面的形态。

3. 潜水面的表示方法

潜水面的形状可以用潜水剖面图和潜水等水位线图来表示。

1）潜水剖面图是在地质剖面图上，将已知各点的潜水位连接而成，它可以反映潜水面形状与地貌、含水层岩性及隔水底板的关系等。潜水剖面图的编制是在所选择的具有代表性的剖面线上，根据地形、钻孔、试坑和井、泉等的柱状剖面图和同一时期潜水位资料，按一定比例尺来绘制水文地质剖面图。在图上不仅要表示潜水位，还要表示含水层与隔水层的厚度、岩性以及各层位关系等地质要素，还应把各水文地质点（钻孔、井、泉等潜水的人工露头和天然露头）标于图上，并标明上述各点同一时期的水位，绘出潜水面的形状。

2）潜水等水位线图是潜水面的等高线图，它是在一定比例尺的平面图上（通常是以地形图作底图），按一定水位间隔，将某一时期潜水位相同的各点连成一系列等水位线所构成的。等水位线图是反映一个地区地下水特征的基本图件。其绘制方法类似于地形等高线图的绘制。在获得同一时期的潜水位资料后，按下列步骤来绘制等水位线图：

a. 将各点所示水位埋深换算成水位标高，表示在图上。各点水位 = 孔口标高 - 水位埋深。

b. 利用内插法按一定间距内插各点（根据具体情况选定内插间距，如 1m、2m 或 5m 等）。选择内插点，应先沿水位变化最大的方向选相邻最近两点内插，可较快控制全区；从变化简单、趋势明显的地区开始，找出全区趋势，然后到复杂、特殊的异常点。

c. 将相同标高的各点连成圆滑曲线，就成为潜水等水位线。

d. 连线时要考虑地形与水文地质条件：①在勾绘潜水等水位线时，必须考虑地形条件，等水位线应避免与地形等高线垂直，弯曲度要小于地形等高线；②泉与沼泽、湖泊等是地下水的露头，水位埋深为零。③等水位线过河流时，不能直接穿过河流，也不能以河岸高程代替潜水位高度，应根据测站测得的水位标高、河流坡降，确定等水位线穿过河流的具体位置。

等水位线图反映潜水面的形状及潜水的流动情况。

根据潜水图可以确定潜水流向。潜水是沿着水力坡度最大的方向流动，因此等水位线的垂直方向（高水位指向低水位）即为地下水流向，用箭头表示。

根据潜水等水位线图确定水力坡度。沿水流方向取一线段，确定其距离和端点的水位差，该水位差与长度之比值即为该线段的平均水力坡度。

根据潜水等水位线图求任一点潜水埋深。埋深 = 某点地面标高 - 潜水位。

根据潜水等水位线图确定潜水和地表水的关系。通过确定地表水附近潜水的流向即可确定相互的补排关系。

根据潜水等水位线图分析推断含水层岩性或厚度变化。在地形坡度变化不大时，等水位线变密处，即水力坡度增大之处，说明该处含水层厚度变小或渗透性能变差；等水位线变疏的地方则可能是含水层渗透性能变好或厚度增大的地方。

此外，等水位线图还可用来作为布置工程设施的依据，如取水工程应布置于潜水流汇合的地段（水位线疏的地区、排泄区、垂直于潜水流向）；截水工程的方向则应基本上与等水位线相一致；确定造林树种及措施；确定沼泽化范围等。

第二章　地下水勘探中的地球物理方法

第一节　含水地层的物理性质

用地球物理的方法研究地层的含水性，研究和掌握地层和岩石的物性（电性）是关键。要在第四系砂砾层中找水就必须知道含水砂砾层的电阻率，以区别干砂或黏土隔水层。要在第三系（古近－新近系）或部分白垩系、侏罗系砂泥岩及碎屑岩中找水，就必须了解不含水的泥岩、页岩，微含水的致密砂岩与富含水的疏松砂岩的电性。要在灰岩、白云岩中找水，就必须了解灰岩和有裂缝、裂隙、溶洞时的灰岩、白云岩的电性。这是地下水地球物理勘探的工作前提和物质基础。

在物性研究的基础上，地球物理方法的选择是研究地层含水性的关键。重力法以岩（矿）石的密度为物性基础；磁法以岩（矿）石的磁性为物性基础；地震法以岩（矿）石的弹性波传播速度为物性基础；电法则以岩（矿）石的电性为物性基础，其中包括岩（矿）石导电能力的电阻率，溶液与固体两相界面电化学性质的极化率。岩石的导电能力（电阻率）主要取决于岩石颗粒之间或孔隙中溶液的多少以及溶液的性质，岩石中含水量大，孔隙中溶液就多，导电能力就强，岩石的电阻率就会小。

但并非地下所有的低电阻率层位都是含水层，在第四纪地层中恰恰是找中高电阻率的层位打井，如第四纪的黏土层中充满了水，充水黏土层的电阻率也很低，但这种水取不出来，这与地下含水层的界面有关。要区分低阻层含不含水，还要看极化率的大小，据此引出了激发极化（IP）法。极化率的大小，取决于岩石中的微粒、固－液两相界面性质。含水砂砾岩中的孔隙大小和形状正好可形成薄膜，可产生 IP 效应；相反黏土层微粒，固－液两相界面性质不能形成薄膜，孔隙过于窄、紧密和均匀。

由此可见，电法可以与地层的含水性相联系，因此电法是目前寻找地下水的有力手段。由常规的改变几何装置的直流电法，发展到改变频率的频率测深法，由天然场源的大地电磁（MT、AMT）法发展到可控源的大地电磁（CSAMT）法及时间域的瞬变电磁（TEM）法，由激发极化（IP）法发展到频谱激电（SIP）法，由直流电法的单点测量发展到一次可测上百点的高密度电阻率法，等等。

还有一种直接与岩石中的含水量大小、多少有关的地面核磁共振感应法。

第二节　地球物理方法对比

一、常规的电测深法和电剖面法

电阻率法测量的基础是不同岩（矿）石之间存在电导率的差异，工作方式是观测和研究地下介质中人工电场的分布规律和特点，目的是解决各类与电性相关的地质问题。所有的电阻率方法都要使用到人工场源，通过点电极向地下供电，同时测量供电电流。

电阻率方法很多，但本质上只有两种方法，一种是垂直测深，一种是横向剖面测量。其中垂向测深工作方法是测量点（观测点中心）不变，通过改变电极距来达到不同测量深度的目的。而横向剖面法测量则是电极距不变，测量点沿着测线移动，以达到测线剖面的测量目的。

常规的电测深法和电测剖面法是以地下岩石的电阻率为基础的。直流电测深法是在地面上某一点，通过改变供电电极的几何距离来达到探测不同深度上地层（岩石）的电阻率的目的，进而了解地层的含水情况。电剖面法是在地面的某一剖面上通过改变供电电极和测量电极的几何位置（或距离的大小）来达到探测某一深度上的地层（岩石）的电阻率，进而了解地层的含水情况。说得通俗一点，就是电测深法是测量地层的纵向变化，而电剖面法则是测量地层的横向变化。电剖面法，根据装置的不同，又可分为四极剖面法、联合剖面法、中间梯度剖面法、偶极剖面法等。不同的装置适合于解决不同的地质问题。

联合剖面法对于寻找和追索良导电陡立薄脉非常有效，另外还可用于探测等轴状矿体及划分岩石界面。对称四极剖面法主要应用于地质填图，研究覆盖层下基岩的起伏，为水文地质、工程地质提供地下电性构造及分布。中间梯度剖面法是追索陡立高阻矿脉的有效方法，确定高阻矿脉位置及顶部埋深。偶极剖面法主要用于地质填图和寻找硫化矿床。测深主要应用于寻找地下水，确定地下潜水面，划分咸淡水界线，以及解决其他水文地质、工程地质问题。

电测深法和电剖面法在解决地层含水性的问题中仍然是主要方法，因为这种方法测量的电阻率参数可直接与地层的含水性关联；其次是这种方法比较简单适用，现有的仪器和解释软件都是成熟的。尤其是直流电测深法，仍是目前找水的首选方法之一。不过一定要在测电阻率的同时测量极化率，把电阻率参数与极化率参数相结合，可减少多解性。

二、高密度电阻率法

为了野外便于工作，将电剖面法和电测深法结合起来的一种阵列电阻率探测方法叫作高密度电阻率法。先将全部电极（几十到上百根）布置于对应测点之上，接通电线，利用仪器内部的电极转换装置控制不同方法所需电极的通断，来达到获取数据的目的。

高密度电阻率法相对普通电阻率法而言，优点如下：所有电极一次布置完成，减少了电极设置引起的错误；有效地进行多种电极排列方式的扫描测量，获取更丰富的电阻率信息；自动化采集数据，采集速度快，且避免手工操作产生的错误；对采集资料预处理并显示剖面形态，野外当场查验结果，有错误时很快纠正；成本降低，效率更高，信息更丰富和准确。

由于高密度电法可以实现电阻率的快速、自动采集，改变了电法勘探传统的工作模式，减轻了劳动强度，提高了资料采集的质量；同时采集的大量数据为高精度资料处理解释以及电阻率层析成像研究提供了前提；这对电法资料的处理解释起到了很大的推动作用，为高精度、小目标体的浅层勘探提供了可靠的保证。

高密度电法就其原理而言，与传统的电法完全相同，它仍然是以岩（矿）石的导电性差异为基础的一类电阻率测量方法。它研究在施加电场的作用下，地层中传导电流的分布规律。高密度电法最大的特点是电极可以沿测线同时布设几十到几百根，仪器按选定的供电、测量排列方式自动采集所有电极的电位值。电极距可以视探测深度和探测目标体的尺度设置到很小的距离（最小极距可设置到几十厘米），并且可以同时采集地面和井中的数据，充分体现了高密度的特点，多方位大量的数据为反演成像打下了良好的基础。高密度电法可用于剖面测量面积性三维电性细结构成像（图 2－2－1）。

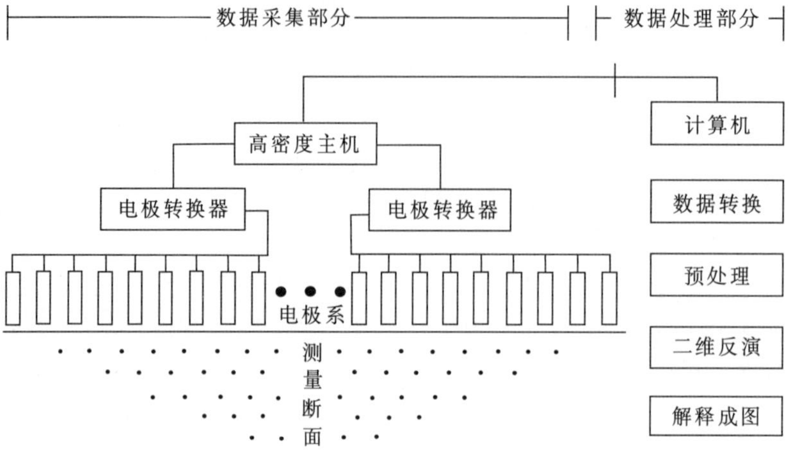

图 2－2－1　高密度电阻率法工作模式

该方法的优势是探测 200m 以内的电阻率精细结构，视勘探目标尺度及勘探精度的要求来设计采集方式和测量极距。对探寻破碎带、断层、导水通道、浅层电性分层等比较有效，可用于水资源探测等。

三、激发极化法

向地下［或岩（矿）石］充电和放电过程中电场并非瞬间变化到稳定状态，而是随时间缓慢变化达到稳态，这种现象叫作激发极化效应，它是地下岩（矿）石及其所含水溶液在电流作用下所发生的复杂电化学过程的结果。由此出现的地球物理方法称为激发极化法（简称激电法），它是以不同岩（矿）石激电效应不同为基础，用专门仪器观测和研究大地介质的激电效应，以达到探查地下地质情况的目的。

激发极化法分为时间域激发极化法和频率域激发极化法（又称复电阻率法）。和电阻率法一样，激发极化法的装置有很多种，常见的有中梯装置、联合剖面装置、偶极装置和对称四极装置。

激发极化法原本是金属矿勘探的有效方法，尤其对浸染状黄铁矿和黄铜矿矿石、石墨化地层、碳质岩层等特别敏感。但近年来，利用激发极化法寻找地下水取得了很好的效果，被誉为“找水新法”。早在 20 世纪 60 年代，国外学者提出了用激电二次场衰减速度找水的思想并公布了实验结果。我国的地球物理工作者后来把激电场的衰减速度具体化为半衰时、衰减度、激发比等特征参数。经大量实践发现应用这些参数不仅能较准确地找到各种类型的地下水资源，而且可在同一水文地质单元内预测涌水量大小，把激电参数与地层的含水性联系起来。

激发极化法找水是利用岩石中离子导电的薄膜效应。岩石颗粒（尤其是黏土颗粒）通常吸附负离子，而在其周围溶液（岩石孔隙溶液）的界面上形成双电层。岩石颗粒一般可视为绝缘体，所以双电层固相一侧的过剩电荷（即岩石颗粒所吸附的负离子）实际上有着固定的位置。双电层液相一侧的电荷分为两个部分：正离子被固相界面上的异性电荷紧紧吸引，不能自由活动，形成“紧密区”；稍微远离界面处，正离子所受固相界面上的异性电荷的吸引力较弱，它可以平行于固相界面自由移动，形成“扩散区”。“紧密区”厚度为 10 nm，从“扩散区”到正常溶液（正、负离子彼此平衡）是逐渐过渡的，“扩散区”的厚度可达 $10^2 \sim 10^3$nm。

当岩石颗粒之间的孔隙很小，截面直径与岩石颗粒 - 溶液界面上双电层的扩散区厚度差不多时（$10^2 \sim 10^3$nm），整个孔隙皆处于双电层的扩散区内，其中包含过剩的正离子，它吸引负离子，排斥正离子。因此，在外电场作用下，正离子在其中移动较快（迁移速率 V_+ 较大），称此孔隙为正离子选择带；另外，由于孔隙中过剩的正离子的阻塞以及负离子在其中被过剩的正离子吸引，负离子移动速度很慢（即迁移速率 V_- 很小），故称此孔隙为薄膜。

当电流流过宽窄不同的岩石孔隙时，窄孔隙（正离子选择带或薄膜）中 $V_+ > V_-$，而宽孔隙（非选择带）中 $V_+ = V_-$，所以在窄孔隙中电流主要由正离子负担，电流将大量的正离子带走，并在窄孔隙的电流流出端形成正离子的堆积；而在其电流流入端，则正离子不足。与此同时，由于负离子在宽孔隙（非选择带）中的迁移速率高于在窄孔隙（薄膜）中的迁移速率，因而在正离子造成堆积或不足的地方同样造成负离子的堆积或不足。这样，便形成离子浓度（单位体积溶液中离子含量）沿孔隙的变化。所形成的离子浓度梯度（离子浓度沿某一方向的变化率）将阻碍离子的运动，直至达到平衡为止。当外加电场截断后离子将产生扩散，离子浓度梯度将逐渐消失。在离子的扩散中将产生激电二次场，这就是激发极化法找水的基本原理。这一现象说明，激电二次场与岩石的孔隙有关，在纯粹的泥岩中极化率比较小，在含水的砂砾层中极化率比较大，另外，衰减的速度与孔隙的大小、形状、宽窄有关。

在激发极化法的测量中，二次场衰减特性的各种参数与地下水情况相关最好的参数是半衰时 $s_{0.5}$。半衰时 $s_{0.5}$是指大地中的二次电位差的放电曲线从 100% 衰减到 50% 所需的时间（ms）。在实际激电测深时绘制半衰时 $s_{0.5}$随电极距 $AB/2$ 的变化曲线，称为半衰时 $s_{0.5}$测深曲线。实际测点的二次场衰减时数值随着地下水富集程度增加而增高。

利用激发极化法找水，或确定地层的含水性，最好和上面提到的电阻率法相结合，这样可减少地球物理场解释的多解性。在这方面，山西省水文资源勘测局利用激电参数、电阻率参数的电性特征，对早三叠世地层的富水性进行了分析研究，取得了较好的效果。

四、电磁法

电磁法又称电磁感应法，它以地下岩（矿）石的导电性和导磁性的差异为基础，根据电磁感应的原理观测和研究电磁场空间与时间的分布规律，从而寻找地下良导矿体或解决其他地质问题的一类地球物理方法。从场源上看，电磁法有天然场源和人工场源之分，再根据人工场源发射的信号形式，又可分为频率域电磁法和时间域电磁法。

天然场源电磁法，以大地电磁（Magnetotelluric，MT）为代表，是利用天然交变电磁场来研究地球电性结构的地球物理勘探方法。大地电磁法是由苏联学者 Tikhonov 和法国学者 Cogniard 于 20 世纪 50 年代初提出的。其场源现今认为是宇宙射线与地球磁场相互作用而形成的，频率在 $10^{-4} \sim 10^{3}$ Hz，其场强与频率有关，在 $f = 1$Hz 时场强最小，向高频和低频都有增强。因为源距很远，在大地有限区域内可将其视为平面波。音频大地电磁（AMT）是测量大地电磁之中频率为 0.125 ~ 8192Hz（音频）的部分。

当平面电磁波垂直入射到水平大地界面时，穿透大地介质，因大地介质的电导率、介电常数与空气相比发生了变化，因而电磁波的传播状态就发生了改变，这种改变是与大地介质的电学参数相关的。从电磁波传播遵循的麦克斯韦方程组和空气－大地界面的边界条件出发，可以推导出当大地介质为水平介质时地面测得的各场分量（计算阻抗）与视电阻率以及入射波频率之间的相关关系。为了纪念大地电磁法奠基者之一的法国学者 Cogniard，我们将这个视电阻率被称为卡尼亚视电阻率。

大地电磁法使用天然场源不用人工供电，成本低，工作方便，不受高阻层屏蔽，对低阻层分辨率高，勘探深度与频率相关，其勘探效果为地球物理学家公认。在石油和天然气的普查与勘探中，渐渐成了一种主要方法，可为地震勘探起到补充与验证作用，另外，在矿产勘查、地热调查、天然地震预报预测以及地壳和上地幔深部地质构造的研究方面也有很广泛的应用。

五、可控源音频大地电磁法

人工场源发射的场源有连续波场和瞬变脉冲电磁波场。连续波场是向地下发射不同频率的电磁波，并观测电磁场的空间分布，通过改变发射频率，研究测量异常场随发射信号频率的变化，这种形式的电磁法称为频率域电磁法。而另一种脉冲场源，是向地下发射不同形式的脉冲电磁波，观测电磁场随时间的变化，用以解决相关地质问题，这种电磁法称为时间域电磁法。

时间域电磁法以瞬变电磁法（Transient Electromagnetic，TEM）为代表。瞬变电磁法，是利用不接地大回线或接地电极向地下发射脉冲式电磁场（称为一次场），用线圈或接地电极观测地下介质中由一次场感生的涡流场产生的电磁场（二次场）的空间和时间分布，来解决相关地质问题的时间域电磁法。该方法的特点有：高阻围岩地区不会受地形影响；与探测目标耦合紧密，异常响应强、形态简单、分层能力强；测量工作简单，效率高；可以穿透低阻盖层，探测深度大；剖面与测深同时进行，测量更多的地质信息，减少多解性。

频率域电磁法以可控源大地电磁测深（Controlled Source Audio－frequency Magnetotelluric Sounding，CSAMT）为代表。可控源大地电磁测深是在音频大地电磁测深基础上发展起来的一种靠人工场源提供信号的电磁方法。其特点有下面 3 方面：使用人工场源，而非天然场源；测量卡尼亚电阻率而不是测量单分量；改变频率进行测深。

CSAMT 源分为磁性源和电性源两种。磁性源因其发射的一次场衰减快，收发距小，故探测深度浅，常用于解决水文、工程与环境地质中的浅层问题。电性源是通过长接地导线两端电极向地下供电以发射电磁波，衰减较慢，收发距可达十几千米，探测深度可达 3km。电性源 CSAMT 应用广泛，其应用领域包括：浅部金属矿探测、油气构造勘查、煤田探测、地热探测、水文地质和工程地质勘查等。

CSAMT 法基于电磁波传播理论和麦克斯韦方程组，导出了电场（E_x）、磁场（H_y）与视电阻率（ρ_s）的关系式：

$$\rho_s = \frac{1}{5f}\frac{|E_x|^2}{|H_y|^2} \tag{2-2-1}$$

式中：f 为频率。

式（2－2－1）说明在地面上测定的电场（E_x）与磁场（H_y）之比具有阻抗概念，可获得视电阻率（ρ_s）。又根据电磁波的趋肤效应理论，导出了趋肤深度公式：

$$H \approx 503\sqrt{\frac{\rho}{f}} \tag{2-2-2}$$

式中：H 为探测深度（m）；ρ 为电阻率（Ω·m）；f 为频率（Hz）。

从式（2－2－2）可见，当地表电阻率固定时，电磁波的传播深度（或探测深度）与频率成反比：高频时，探测深度浅；低频时，探测深度深。人们可以通过改变发射频率来改变探测深度，达到频率测深的目的。

如图 2－2－2 所示，发射源 AB 的偶极矩一般在 1～3km 之间。接收机接收到的信号强度与发射极距平方成正比，因而增大发射极距对增强接收信号强度效果明显。收发距与设计最大探测深度相关，一般是其 3～5 倍。在远场的探测深度，由频率 f 和背景电阻率 ρ 决定，即探测深度 $H \approx 356\rho/f$。收发距 D）$\geqslant (1000 \sim 2000)\rho/f$ 的情况下，即 $D/H \geqslant (3 \sim 5)$，才能被认为是远区观测。所谓的远区，是指距离发射源足够远的地方，认为从源发射的电磁波在这里近似等同平面波，可以用平面波的性质来对其进行研究。

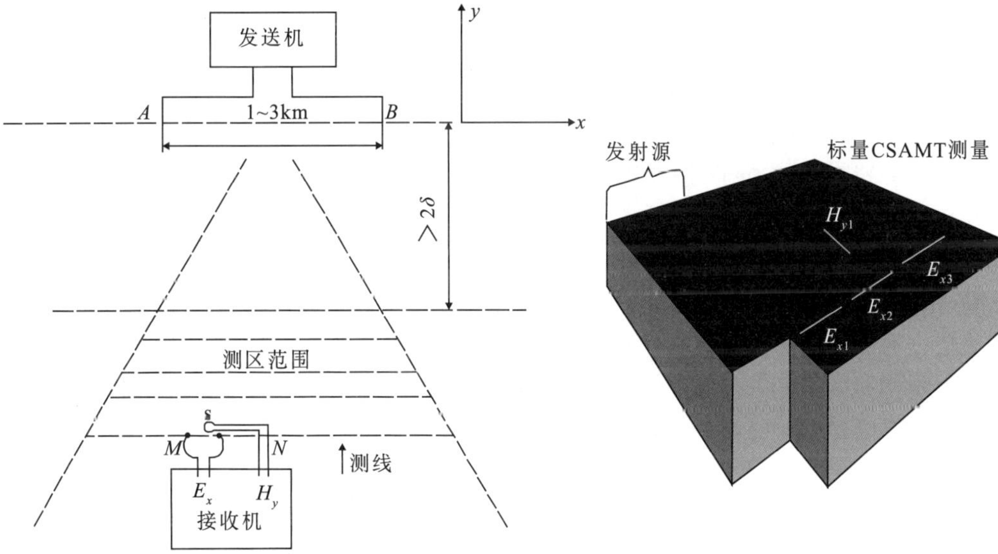

图 2－2－2　可控源大地电磁测深方法工作原理

在确定了发射源到接收测线的距离以及发射源的长度之后，根据测线的实际布置情况选取合适的位置设置发射源。发射源的位置对电磁干扰没有严格限制，但接地电阻必须要足够小，一般在 100Ω 以内，尽量选择接近水源或供水方便的地点。另外，发射系统仪器笨重，发射源位置需要交通方便。由于“阴影效应”的存在，发射源和接受测线之间不能有大型低阻水体（大河或湖泊等）。

实际工作时，发电机发出的电流经发射机调频到需要频率，然后通过电线传导到发射源两端接地电极 A、B 处，通过布置好的铝板或锡纸向地下供电，从而在源的一定范围内产生特定频率的交变电磁场。通过控制器控制发射机从低到高（或从高到低）逐个改变发射电流频率，每个频率可以测得一个卡尼亚视电阻率，最终可以获得整个测线每个测点的不同频率的卡尼亚视电阻率。而电磁波的性质决定了频率越低探测深度越大，所以实际获得的是卡尼亚视电阻率的测深曲线。对获得的卡尼亚视电阻率和阻抗相位进行处理和反演，研究地下介质电阻率分布以解释地质情况。

接收机在测线上测量正交的电场分量和磁场分量，用以求取卡尼亚视电阻率和阻抗相位。根据 CSAMT 远区平面波的近似性，实际测量得到的数据可以用大地电磁法的公式来计算卡尼亚视电阻率和阻抗相位。选用直角坐标系，测线方向为 X 轴，水平向且垂直 X 轴方向为 Y 轴，垂直向下方向为 Z 轴。卡尼亚电阻率 ρ 和探测深度 h 可以通过式（2－2－1）、式（2－2－2）计算，式中 E_x 为实际测量的电场 x 分量，H_y 为实际测量的磁场 y 分量（见图 2－2－2）。

20 世纪 80 年代末，加拿大凤凰公司与美国 Zonge 公司根据这一理论研究制造了 CSAMT 测量仪器系统，建立了野外工作方法（见图 2－2－2）。

作为地球物理中较为新兴的技术手段，CSAMT 法特点鲜明，主要有工作效率高、探测深度大、垂向分辨率好、水平分辨率高、高阻层影响小、地形影响小等特点。

1）工作效率高。对于同方向平行测线，只需共用一个发射源，即布设一次发射源就能为很大区域的接收机工作提供信号。在山区等交通不便的地区，根据地形变化，选择合适的位置布置发射源。工作时仅需移动接收机就可以轻松进行不同位置的测深工作。

2）勘探深度大。由式（2－2－2）可知，CSAMT 探测深度只与测量频率和地下介质电阻率有关，与发射机发射电流、发射源长短等无关。对于常用频率范围（0.5 ~ 8192Hz）的探测深度为几十米到 3km。

3）垂向分辨率好。垂向分辨率也就是分层能力，总体来说 GSAMT 测深的垂向分辨能力与多种因素有关。定义垂向分辨率为探测目标体或目标层的厚度与其埋深比。CSAMT 垂向分辨率为 10% ~20% 。

4）水平分辨能力高。常规测深方法的水平分辨率受电阻率和接收偶极长度以及收发距的影响，对于勘探深部层位必须增加收发距，因而损失了水平分辨率。CSAMT 探测深度只与电阻率和频率有关，与收发距无关。水平分辨率也仅与接收偶极长度相关，一般认为 CSAMT 水平分辨率等于接收偶极长度。

5）不受高阻层地屏蔽。常规直流测深法通过观测地下介质中电流的变化来达到测深的目的，遇到高阻层的存在，电流是无法继续向深部传导的，因而常规直流测深受高阻层影响非常大。对于 CSAMT 来说，使用的是随时间变化的电磁场，遇到高阻层反而信号衰减更小，容易穿透高阻层探测更深部信息。

6）地形影响小。CSAMT 实际获得的是阻抗信息，包含了正交的电场和磁场信号比值，且信号已经进行了归一化，较大地削弱了地形的影响。

与传统直流电测深比，可控源大地电磁测深法得到更多的应用，也取得了良好的地质效果。然而使用了人工场源，也就带来了一些问题，如近场源的非波区效应、场源附加效应。另外，静态效应也是十分麻烦的问题，在资料处理与解释中须注意。

CSAMT 法是以测量地下电阻率为基础的轻便快速的找水好方法。它探测深度大，发现断层的能力强，适合寻找深部的基岩裂隙水。

六、井中地球物理方法

地球物理测井简称测井，是指将地球物理仪器放入钻井的井孔内，测量井壁周围岩石的地球物理响应，得到井壁围岩与深度相关的不同记录曲线，通过对测井曲线的分析，推断地下介质的性质。合理地使用测井手段，可以减少钻探取芯的工作量，又可以获取更丰富的地质信息，降低勘探成本，加快勘探进度。地球物理测井方法包括井径测量、井温测量、井斜测量、电法（自然电位、不同极距电阻率、感应法、激发极化法）、放射性方法（自然放射性γ射线、人工诱发放射性如中子测井）、声波测井、磁法测井、热学方法和地震方法（P－S测井、VSP测井、微震观测等）。不同的地球物理测井方法得到的数据，要用不同的处理与解释手段去进行处理和解译，常常一次测井需要同时采集多种地球物理测井数据，相互对照才能得到更准确和精细的地层信息。

地球物理测井主要应用范围包括：地层识别、地层流体识别、钻孔之间的相关性、储集层产量的估计等。随着地球物理仪器和地球物理技术的发展，测井逐渐能解决距离井壁越来越远的地质问题，例如井间层析成像技术越来越完善。

地球物理探测仪器放入井下，更贴近地层，能获得质量更好的地层信息，但井下环境相比地面要苛刻得多，高温高压环境对仪器来说是一个考验。

第三章　常规电阻率法

电阻率剖面法（简称电剖面法）是用以研究地电断面横向电性变化的一类方法。一般采用固定的电极距并使电极装置沿剖面移动，可观测到在一定深度范围内视电阻率沿剖面的变化情况。根据装置形式的不同，剖面法又分成联合剖面法、对称剖面法及中间梯度剖面法等。不同的装置形式所能解决地质问题的能力也不一样。而电阻率测深法则是研究地表某点下方电性的垂向变化的一种方法。由于供电极距不断加大，增大了供电电流在地下的分布范围，实际上相当于加大了勘探深度。因此通过分析电测深视电阻率曲线可了解测点下沿垂向地质情况的变化。电阻率剖面法和电阻率测深法是电阻率勘探方法中最重要也是最基础的方法。两个方法比较，电剖面法更适合于探测产状陡立的高、低阻体，如划分不同岩性的接触带、追索断层及构造破碎带等，而电阻率测深法主要用于研究介质的垂向分层。

第一节　电阻率法的基础原理

地下岩（矿）石的导电性通常用电阻率或电导率来描述。根据物理学定义，均匀介质中直流电路的电阻（R）和介质的长度（L）成正比，和电流通过的横截面积（S）成反比：

$$R = \rho \frac{L}{S} \tag{3-1-1}$$

其中，比例系数ρ称为介质的电阻率：

$$\rho = R \frac{S}{L} \tag{3-1-2}$$

电阻率（ρ）在数值上等于单位面积、单位长度介质的电阻值。在国际单位制中，它的单位为欧姆·米，记作Ω·m。

电阻率的倒数称为电导率：

$$\sigma = \frac{1}{\rho} \tag{3-1-3}$$

电导率的单位为西门子每米，记作 S/m。显然，介质的电阻率越低或电导率越大，其导电性越好；反之，其导电性越差。

一、矿物的电阻率

岩石和矿石都是由矿物组成的，按导电机理的不同，固体矿物可分为 3 种类型：金属导体、半导体和固体电解质。

1. 金属导体

各种天然金属均属于金属导体。较重要的天然金属有自然金和自然铜，其电阻率值均很低：自然金的电阻率约为 $2\times10^{-8}\Omega\cdot m$；自然铜则约为 $1.2\times10^{-8}\sim30\times10^{-8}\Omega\cdot m$。此外，石墨这种具有某些特殊性质的电子导体也具有很低的电阻率值（低达 $10^{-6}\Omega\cdot m$）。

2. 半导体

大多数金属矿物均属于半导体。其电阻率值都高于金属导体，并有较大的变化范围（$10^{-6}\sim10^{6}\ \Omega\cdot m$），见表 3－1－1。

表 3－1－1　常见半导体矿物的电阻率值　　单位：$\Omega\cdot m$

矿物	电阻率	矿物	电阻率
斑铜矿	$10^{-6}\sim10^{-3}$	赤铁矿	$10^{-3}\sim10^{6}$
磁铁矿	$10^{-6}\sim10^{-3}$	锡石	$10^{-3}\sim10^{6}$
磁黄铁矿	$10^{-6}\sim10^{-3}$	辉锑矿	$10^{0}\sim10^{3}$
黄铜矿	$10^{-3}\sim10^{0}$	软锰矿	$10^{0}\sim10^{3}$
黄铁矿	$10^{-3}\sim10^{0}$	菱铁矿	$10^{0}\sim10^{3}$
方铅矿	$10^{-3}\sim10^{0}$	铬铁矿	$10^{3}\sim10^{6}$
辉铜矿	$10^{-3}\sim10^{0}$	闪锌矿	$10^{3}\sim10^{6}$
辉钼矿	$10^{-3}\sim10^{0}$	钛铁矿	$10^{3}\sim10^{6}$

由表 3－1－1 可见，大多数常见的金属硫化物矿物，如黄铜矿、黄铁矿、方铅矿等和某些氧化物矿物，如磁铁矿的电阻率值均较低（小于 $1\ \Omega\cdot m$），具有良好的导电性。另一些金属硫化物矿物和氧化物矿物，如辉锑矿、闪锌矿、锡石、软锰矿、铬铁矿和赤铁矿等，其电阻率值均较高（$1\sim10^{6}\ \Omega\cdot m$）。

3. 固体电解质

绝大多数造岩矿物，如辉石、长石、石英、云母、方解石等，均属于固体电解质，其电阻率值都很高（大于 $10^{6}\ \Omega\cdot m$），在干燥情况下可视为绝缘体。

二、岩（矿）石的电阻率

由上可知，矿物电阻率值是在一定范围内变化的，即同种矿物可有不同的电阻率值，不同矿物也可有相同的电阻率值。因此，岩石和矿石的电阻率通常也非为某一特定值。对几种常见岩石而言，如图 3－1－1 所示，其电阻率值便是在一定范围内变化的。由图 3－1－1 可见，火成岩与变质岩的电阻率值较高，通常在 $10^{2}\sim10^{5}\ \Omega\cdot m$ 范围内变化；沉积岩电阻率值一般较低，如黏土电阻率为 $10^{0}\sim10^{1}\ \Omega\cdot m$，砂岩的电阻率约为 $10^{2}\sim10^{3}\ \Omega\cdot m$，而灰岩电阻率则较高些。

以上 3 种岩类电阻率的变化固然与其矿物成分有关，但在很大程度上取决于它们的孔隙度或裂隙度以及其中所含水分的多少。对矿石电阻率而言，也有类似情况。其电阻率值除与组成矿石的矿物成分、含量有关外，更主要的乃由矿物颗粒的结构构造所决定。

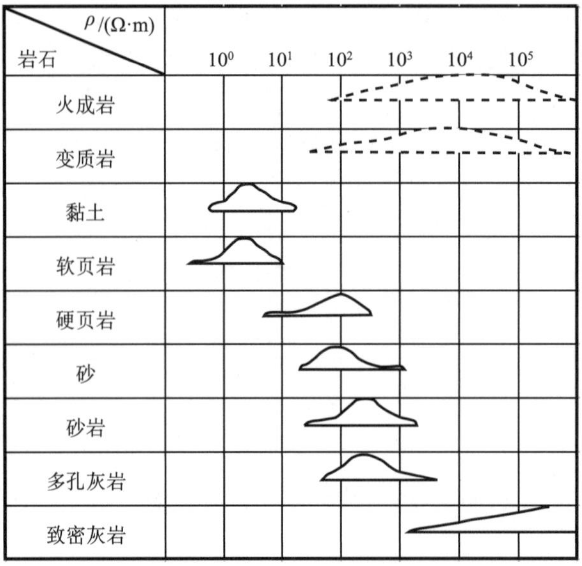

图 3－1－1　几种岩石电阻率值的分布范围曲线

三、影响岩（矿）石电阻率的因素

1. 岩（矿）石电阻率与成分和结构的关系

多数岩石和矿石可视为由均匀相连的胶结物与不同形状的矿物颗粒组成。岩（矿）石的电阻率取决于这些胶结物和颗粒的电阻率、形状及相对含量。设胶结物电阻率为 ρ_1，颗粒的电阻率为 ρ_2。当岩石或矿石仅由这两种物质组成时，其电阻率 ρ 与 ρ_1、ρ_2 及颗粒的体积百分含量 V 有关，对不同形状的颗粒而言，其关系是不同的。

因此，当物质组分一定时，岩（矿）石电阻率值主要决定于它们的连通情况，连通者起的作用大，孤立者起的作用小。如浸染状金属矿石，胶结物多为彼此连通的造岩矿物，故常表现为高阻。但对含水砂（砾）岩而言，连通的胶结物是水，故常表现为低阻（岩石孔隙水的电阻率通常小于 100 Ω·m）。

综上所述，只当良导电矿物彼此连接较好时，它们才对整体岩（矿）石电阻率有较大影响；反之，若良导电矿物被高阻胶结物隔开，则其对整体岩（矿）石电阻率的影响很小。因此，一般说颗粒的含量多少不起关键作用，而主要决定于其结构。当良导电矿物呈浸染状分布时，由于连通的高阻矿物将其隔开，即使良导电矿物的含量并不低，但整个矿石的电阻率却比较高；如良导电矿物呈网脉状或片状分布时，因其连通较好，虽含量不多，但整个矿石的电阻率却可变得很低，如图 3－1－2 所示。

图 3－1－2　岩（矿）石不同结构示意图（黑色部分为导电良好矿体）

在自然界中，大多数沉积岩和一部分变质岩常具层状构造。这种层状岩石的电阻率也具有非各向同性的性质。对于由两种薄层交替呈层情况，若其电阻率分别为ρ_1和ρ_2，两种薄层的总厚度分别为h_1和h_2，如图3－1－3所示，则按电阻并联和串联的关系，不难算出沿层理方向和垂直层理方向的电阻率ρ_t和ρ_n有如下形式：

$$\left.\begin{aligned} \rho_t &= \frac{h_1 + h_2}{\dfrac{h_1}{\rho_1} + \dfrac{h_2}{\rho_2}} \\ \rho_n &= \frac{h_1\rho_1 + h_2\rho_2}{h_1 + h_2} \end{aligned}\right\} \tag{3-1-4}$$

由式（3－1－4）可以看出，由不同电阻率（$\rho_1 \neq \rho_2$）薄层岩石交替形成的层状岩石，不论ρ_1和ρ_2的相对大小，亦不论h_1和h_2的大小（除零外），其电阻率具有非各向同性的特点，并且总是沿层理方向的电阻率ρ_t小于垂直于层理方向的电阻率ρ_n。为了表征层状岩石的非各向同性程度和平均的导电性，定义其非各向同性系数（λ）和平均电阻率（ρ_m）分别为

$$\left.\begin{aligned} \lambda &= \sqrt{\frac{\rho_n}{\rho_t}} \\ \rho_m &= \sqrt{\rho_n \cdot \rho_t} \end{aligned}\right\} \tag{3-1-5}$$

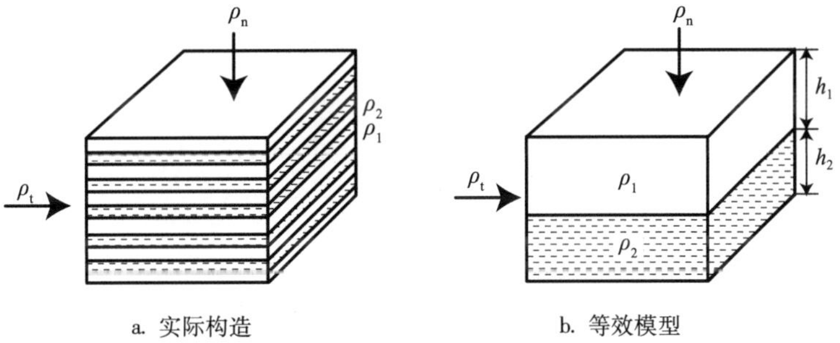

图3－1－3　层状岩石模型图

表3－1－2中列出了几种常见岩层的非各向同性系数（λ）值及$\dfrac{\rho_n}{\rho_t}$值。由表3－1－2可见，某些岩层的电阻率具有明显的非各向同性。如石墨化碳质页岩，在垂直和平行层理两个方向上的电阻率相差竟在4～7.84倍。这在电法勘探资料的推断解释中应引起充分重视。

表3－1－2　几种常见岩层的非各向同性系数

岩石	λ	ρ_n/ρ_t	岩石	λ	ρ_n/ρ_t
层状黏土	1.02～1.05	1.04～1.00	泥质页岩	1.41～2.25	2.2～5.0
层状砂岩	1.1～1.6	1.20～2.56	无烟煤	2.0～2.25	4.0～6.5
泥质板岩	1.1～1.59	1.20～2.5	碳质页岩	2.0～2.8	4.0～7.84

2. 岩（矿）石电阻率与湿度、孔隙度的关系

因地下水及其他天然水的电阻率值均较低，通常小于100 Ω·m（表3－1－3）。并且含盐分越多，电阻率值越低。岩（矿）石中所含水分的多少（或湿度大小）对其电阻率值有较大影响。

表3－1－3　几种常见天然水电阻率值　　单位：Ω·m

天然水	ρ	天然水	ρ
雨水	>1000	地下水	<100
河水	0.1～100	矿井水	1～10
海水	0.1～10	深成盐渍水	0.1～1

一般含水量大的岩石电阻率较低，而含水量小或干燥岩石则电阻率较高。岩石含水量的大小，主要决定于岩石本身的孔隙度及当地的水文地质条件。在潜水面以下，通常岩石孔隙中几乎充满了地下水，此时岩石含水量便等于岩石孔隙度。表3－1－4给出几种常见岩石孔隙度的测定结果，它可作为估计潜水面以下岩石含水量的一个参考资料。

表3－1－4　几种常见岩石的孔隙度　　单位:%

岩石		孔隙度	岩石		孔隙度
沉积岩	土壤	20.0～69.4	火成岩	玄武岩	>18.8～
	砂	15.0～63.2		安山岩	>6.0～
	黏土	10.1～62.9		辉长岩	0.4～1.9
	砾石	20.2～37.7		花岗岩	0.4～4.1
	页岩	1.5～44.8		辉绿岩	0.2～5.1
	砂岩	2.0～18.4		闪长岩	0.4～4.0
	灰岩	0.7～10①		正长岩	0.9～2.9
变质岩	结晶石灰岩	0.9～8.6			
	片麻岩	0.4～7.5			
	大理岩	0.1～2.1			

①带有喀斯特溶洞的灰岩孔隙度可达百分之几十。

处于潜水面以上的岩石，通常也不是完全干燥的。因大气中的水分通过降至地面的雨、雪可渗入地下，在渗透过程中由于岩石颗粒对水的吸附作用，岩石孔隙中能保存一部分水分。一般孔隙直径越小，吸水性越强，岩石的含水量便越大，故黏土电阻率较低。由表3－1－4可见，火成岩孔隙度虽较小，但因风化或构造破坏作用可使其裂隙或节理较发育，故自然界中火成岩电阻率往往较低。变质岩电阻率则与变质程度有关，变质程度越高、岩石越致密，其电阻率值便越大。

此外，当同类岩石所受外力作用强弱不同时，其孔隙度和电阻率大小也不一致。通常受外力作用较强的地段，其孔隙度变小，电阻率变大。因此，根据区域性岩石电阻率资料，有可能了解构造力的作用方向和范围。

由前述不难理解，岩石的电阻率不仅与岩石孔隙度的大小有关，而且还取决于孔隙的结构。通常当孔隙连通较好时，其中水分对岩石电阻率影响大，否则影响小。节理或裂隙式孔隙具有明显的方向性，沿节理或裂隙方向岩石电阻率较低，而垂直节理或裂隙方向电阻率则较高。

3. 岩（矿）石电阻率与温度的关系

实际资料表明，当岩（矿）石所处的外界温度发生改变时，其电阻率值也相应地发生变化。一般表现为温度升高，电阻率降低。这是由于岩（矿）石中所含水溶液的电阻率与温度有明显的变化关系。图3－1－4为一块砂岩标本电阻率随温度变化的实验观测曲线，在0℃以上的正温度区内，随着温度的升高，电阻率值缓慢减小，变化不明显。即在常温条件下，温度变化对岩石电阻率的影响并不大。

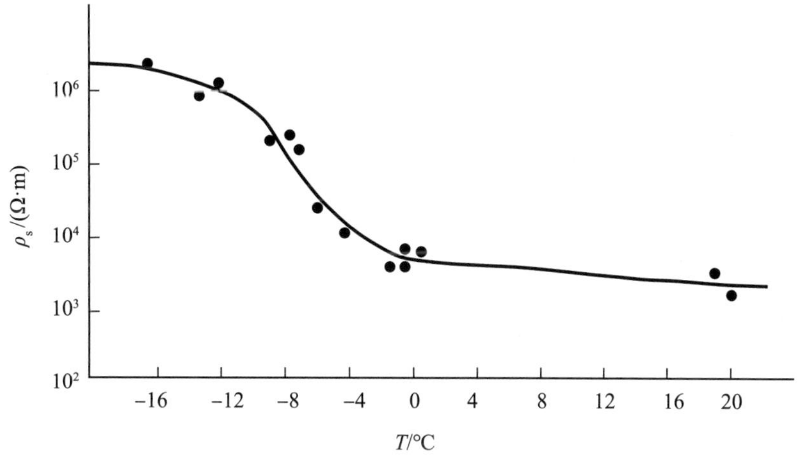

图3－1－4　含水砂岩电阻率随温度变化的实测曲线（孔隙度12%，湿度1.5%）

然而，在0℃以下的负温区内，随着温度的降低，含水岩石的电阻率明显增高。当温度下降到接近－20℃时，电阻率竟高达$10^6\Omega\cdot m$，较正温区的电阻率大3个数量级。这是由于岩石孔隙中的水溶液结冰后导电性变得很差的结果。

由于温度的降低（特别是在0℃以下）可使岩石电阻率增高，故在寒冷地区或冰冻季节进行地面电法工作时，对需要通过接地电极向地下供电和测量的传导类电法而言，将会产生较大困难。因在那些地区近地表的土壤或岩石电阻率很高，所以会使电极接地电阻很大。但对不需要接地的感应类电法而言，表层电阻率的变大不会使其工作变得困难。

此外，由于在地壳常温带（自地表面向下20～25m）以下，地温随深度的增加而变大，地温每升高1℃所下延的深度称地温增加率，其值因地而异，且同一地区不同深度也不一致。在我国平均约40m增加1℃。这样，在地下1600m深处的地温将比地面约高40℃。在那里，金属矿物的电阻率大约升高20%，而含水岩石的电阻率约降低一半。因此，通过对深部岩石电阻率的观测，可给出某一地区地下温度场变化规律的资料，以用于寻找地下热能资源和研究地质构造。这方面的问题已日益为人们所重视。

综上所述，影响岩（矿）石电阻率的因素是多方面的，在金属矿产普查和勘探中，岩（矿）石中良导电矿物的含量及结构是主要影响因素。在水文、工程地质调查和沉积区构造普查、勘探中，岩石的孔隙度、含水饱和度及矿化度等成了决定性因素。而在地热研究、地震地质及深部地质构造研究中，温度及地应力变化应为主要考虑的因素。

4. 岩（矿）石电阻率与频率的关系

研究表明，在交变电场作用下，岩（矿）石的导电性除与传导电流有关外，还显示出与位移电流有关。因此在导电介质中的总电流密度应为传导电流密度（j_ρ）与位移电流密度（j_D）之和。在电磁场理论中，传导电流密度与位移电流密度之比值（m）称为介质的电磁系数。若交变电场为谐变场，则有

$$m=\frac{|j_\rho|}{|j_D|}=\frac{1}{\omega\varepsilon\rho}=\frac{1.8}{\{\omega\}_{\mathrm{Hz}}\varepsilon_r\{\rho\}_{\Omega\cdot\mathrm{m}}}\times10^{10} \tag{3-1-6}$$

式（3-1-6）中前两个等式表达各物理量之间的关系，称为“量方程”；而最后的等式是各量在选定了单位之后的“数值方程”，式中 ε_r 为相对介电常数。

式（3-1-6）表明，当 $m>1$ 时，介质中传导电流起主要作用，此时可忽略位移电流；反之，当 $m<1$ 时，位移电流起主要作用，可忽略传导电流。

利用式（3-1-6）计算导体（$m>10$）和介电体（$m<0.1$）的范围。考虑到野外实际情况，取 ε_r 为 5～50，计算结果示于图 3-1-5。由图 3-1-5 可见，在频率 $f\leqslant$ 1000Hz 及介质电阻率小于 10^5 Ω·m 范围内，皆可忽略位移电流作用。在自然条件下岩石电阻率一般很少超过该值，故在低频电磁感应法中可不考虑位移电流影响，即视岩石导电性不随频率改变。只是在频率超过 10^6 Hz 的高频电磁法（如无线电波透视法和探地雷达法）中才考虑位移电流的作用。

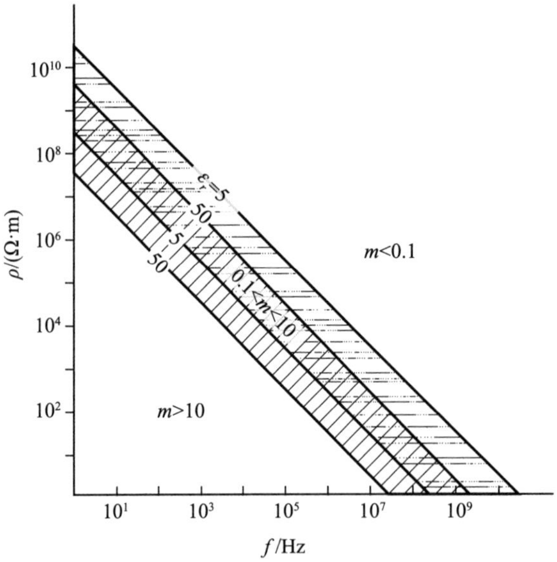

图 3-1-5　介质导电性与频率的关系

第二节　人工电场及视电阻率

电阻率方法是利用人工在地下建立稳定电流场的方法来揭示地下不同导电性岩（矿）石分布的方法。在前面的讨论中，我们已经了解到不同岩（矿）石之间存在着导电性差

异的事实，本节将研究在地下半空间中稳定电流场的建立和规律。

一、人工电流场

1. 稳定电流场基本性质

由场论知道，在稳定电流场中的任意点上，电流密度矢量（$\boldsymbol{j}$）与电场强度矢量（$\boldsymbol{E}$）在数量上成正比，比例系数为该点岩石的电导率（σ），即

$$\boldsymbol{j} = \sigma \boldsymbol{E} = \frac{\boldsymbol{E}}{\rho} \tag{3-2-1}$$

这便是欧姆定律的微分形式。由于它对任意一点均成立，故适用于任何形状的不均匀导电介质和电流密度的不均匀分布。在各向同性介质中，电阻率（ρ）为标量。

对于稳定电流场，包含电流为 I 的电流源的任意闭合面的通量表达式为

$$\oint_S \boldsymbol{j} \cdot \boldsymbol{n} \mathrm{d}S = I \tag{3-2-2}$$

式中：S 为包围电流源的闭合曲面；$\boldsymbol{n}$ 为面元 $\mathrm{d}S$ 的单位法线矢量。式（3-2-2）即电荷守恒定律，它表明电荷既不能无中生有，也不能消灭。如果 S 面中不包含电流源，式（3-2-2）成为

$$\oint_S \boldsymbol{j} \cdot \boldsymbol{n} \mathrm{d}S = 0 \tag{3-2-3}$$

它说明在稳定电流场中电流是连续的，即在任何一个闭合面内无正电荷或负电荷的不断积累。其微分形式为

$$\mathrm{div} \boldsymbol{j} = \nabla \cdot \boldsymbol{j} = 0 \tag{3-2-4}$$

即在稳定电流场中任何一点电流密度的散度恒等于零。

从稳定电场的上述性质可知，电流在空间的分布是稳定的，即不随时间而改变。因此，它和静电场一样是一种势场。在稳定电场中任一点 M 处的电位 U 等于将单位正电荷从 M 点移到无限远处，电场力所做的功为

$$U = \int_M^\infty \boldsymbol{E} \cdot \mathbf{d}\boldsymbol{l} \tag{3-2-5}$$

故电场强度与电位有关系：

$$\boldsymbol{E} = -\mathrm{grad} U \tag{3-2-6}$$

势场是一种无旋场，在地中由导电岩石组成的任一闭合回路中电流场所做的功恒等于零，即

$$\oint_l \boldsymbol{E} \cdot \mathbf{d}\boldsymbol{l} = 0 \tag{3-2-7}$$

式（3-2-7）的微分形式为

$$\mathrm{rot} \boldsymbol{E} = 0 \tag{3-2-8}$$

第一类边界条件（极限条件）：①当观测点远离供电点时；$U=0$；②当观测点距离供电点较近时，$U = \frac{I\rho}{2\pi r}$。

第二类边界条件（地面条件）：$j_n = -\frac{1}{\rho}\frac{\partial U}{\partial n} = 0$，即在地面上（除供电点外）电流密度

法向分量等于零。

第三类边界条件（界面两边 ρ 为有限值时）: $U_1 = U_2, j_{1\mathbf{n}} = j_{2\mathbf{n}}, E_{1t} = E_{2t}, \dfrac{\tan\alpha_1}{\tan\alpha_2} = \dfrac{\rho_2}{\rho_1}$。

电流密度在分界面上的变化见图 3－2－1。

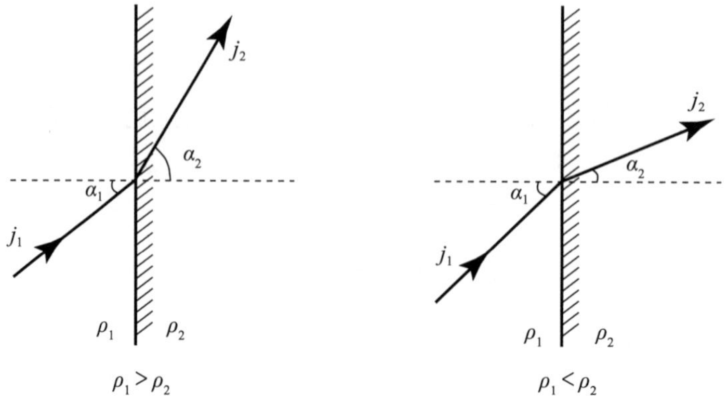

图 3－2－1　分界面上电流密度折向图

2. 求解稳定电流场的拉普拉斯方程

在求解简单地电条件下的位场分布时常用解析法，即根据给定的边界条件解微分方程（3－2－9）:

$$\mathrm{div}(\mathrm{grad}U) = \nabla^2 U = 0 \tag{3-2-9}$$

这便是拉普拉斯方程。

在电法勘探的理论研究中，根据问题的需要，常将拉普拉斯方程转换成不同坐标系中的表达式。最常用的 3 种坐标系中拉普拉斯方程的表达式如下：

1）在直角坐标系中：

$$\frac{\partial^2 U}{\partial x^2} + \frac{\partial^2 U}{\partial y^2} + \frac{\partial^2 U}{\partial z^2} = 0 \tag{3-2-10}$$

2）在圆柱坐标系中：

$$\frac{\partial^2 U}{\partial r^2} + \frac{1}{r}\frac{\partial U}{\partial r} + \frac{1}{r^2}\frac{\partial^2 U}{\partial \varphi^2} + \frac{\partial^2 U}{\partial z^2} = 0 \tag{3-2-11}$$

3）在球坐标系中：

$$\frac{\partial}{\partial r}\left(r^2\frac{\partial U}{\partial r}\right) + \frac{1}{\sin\theta}\frac{\partial}{\partial\theta}\left(\sin\theta\frac{\partial U}{\partial\theta}\right) + \frac{1}{\sin^2\theta}\frac{\partial^2 U}{\partial\varphi^2} = 0 \tag{3-2-12}$$

3. 均匀大地中不同场源形式的稳定电流场

（1）一个点电流源的电流场

假设在电阻率为 ρ 的均匀各向同性的无限介质中，有一点电流源 A，其电流为 I，求距离 A 点为 r 处 M 点的电位公式。此问题具有球形对称性，故选用球坐标，把原点置于 A 点。

由于任一点的电位与方位角和极角无关，故球坐标系中的拉普拉斯方程简化为

$$\frac{\partial}{\partial r}\left(r^2\frac{\partial U}{\partial r}\right)=0 \tag{3-2-13}$$

将它积分两次则得

$$U=-C_1\frac{1}{r}+C_2 \tag{3-2-14}$$

式中：C_1、C_2 均为积分常数。当 $r\rightarrow\infty$时，$U=0$，故 C_2 应等于零。由于电流为 I，故

$$j=\frac{I}{4\pi r^2} \tag{3-2-15}$$

求得常数值，代入可得

$$U=\frac{I\rho}{4\pi r} \tag{3-2-16}$$

这就是均匀、各性同性无限介质中点源电场的电位（U）分布公式。

设地面为无限大平面，地下充满均匀、各向同性的导电介质，当点电流源 A 在地表向地下供入电流 I 时，地中电流线的分布便以 A 为中心向周围呈辐射状，如图 3-2-2 所示。

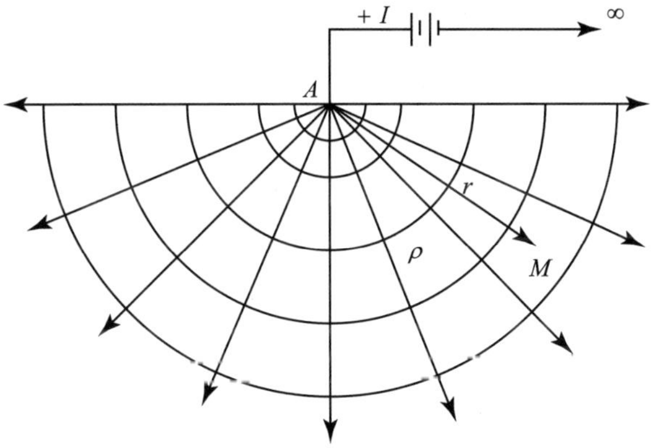

图 3-2-2　地面上一个点电源的电场

为了求距 A 为 r 的 M 点之电位，可用均匀无限介质中点源电场的拉普拉斯方程解。另外，注意到半无限介质中电流密度应较无限介质中大一倍，则有

$$j=\frac{I}{2\pi r^2} \tag{3-2-17}$$

从而可得 M 点电位（U）及电场强度（E）分别为

$$U=\frac{I\rho}{2\pi r} \tag{3-2-18}$$

$$E=\frac{I\rho}{2\pi r^2} \tag{3-2-19}$$

可见，地中点源电流场的电位、电流密度和电场强度均与供电电流 I 成正比，而 U 与 r 成反比，E 及 j 与 r 的平方成反比。

（2）地面两个异性点电流源的地中电流场

如图 3－2－3 所示，点电源 A 和 B 相距 $2L$，分别以 $+I$ 和 $-I$ 向地下供电，根据电场的叠加原理，由式（3－2－18）便可写出 A、B 两电极在 M 点形成的电位：

$$U_M = U_M^A + U_M^B = \frac{I\rho}{2\pi}\left(\frac{1}{AM} - \frac{1}{BM}\right) \tag{3-2-20}$$

图 3－2－3a 表示在地面 A、B 连线上电位及电场强度的变化曲线。可见，越靠近电极，电位变化越快。即在 A 电极附近电位迅速增高，在 B 电极附近电位迅速降低，而在 AB 中间的 1/3～1/2 地段电位变化较慢，在 AB 中点电位为零。

由于电场强度等于电位的负梯度，故在靠近电极处电位曲线变化大的地方，电场强度的绝对值也大。在 AB 中间 1/3～1/2 的地段内，电位变化较均匀，电场强度变化也不大。图 3－2－3b 为电场分布平面图，图 3－2－3c 为电场分布断面图。

（3）电流密度随深度的变化（勘探深度的概念）

现讨论电场在地下的分布情况。为此研究 A、B 连线的中垂面上电流密度的变化，见图 3－2－4a。在地表 A、B 连线的中点 O 处，A、B 两电极形成的电流密度 $\boldsymbol{j}_0$ 为

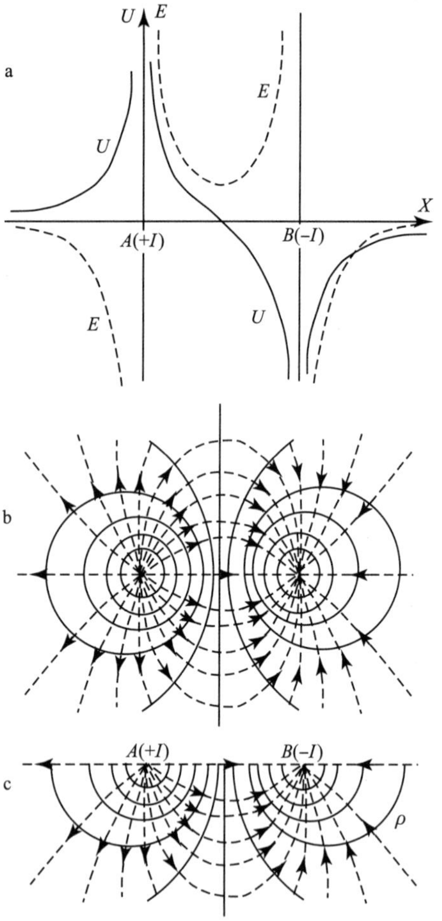

图 3－2－3　两个异性点电源的电场

图 a 中实线表示电位 U，虚线表示电场强度 E；图 b 和图 c 中实线表示等电位线，虚线表示电流线

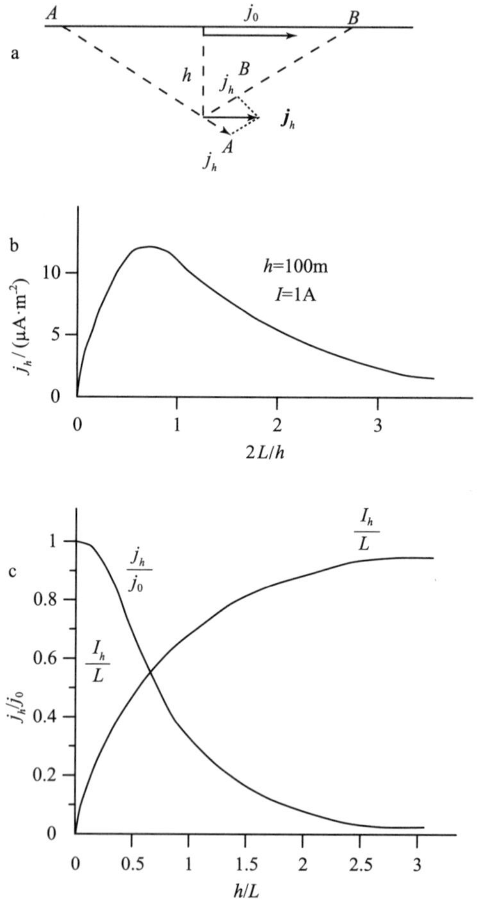

图 3－2－4　电流密度随深度和电极距的变位

$$j_0 = j_0^A + j_0^B = 2j_0^A = \frac{I}{\pi L^2} \tag{3-2-21}$$

而在深为 h 的点上，由 A、B 两电极形成的电流密度为

$$j_h = 2j_h{}^A\cos\alpha = \frac{I}{\pi}\frac{L}{[L^2+h^2]^{3/2}} \tag{3-2-22}$$

因此

$$\frac{j_h}{j_0} = \frac{1}{\left[1+\left[\frac{h}{L}\right]^2\right]^{3/2}} \tag{3-2-23}$$

图3-2-4b是当深度 h 一定时，电流密度随供电电极距的变化规律：当 L 等于0或∞时，j_h 均为零，而当 $\frac{\partial j_h}{\partial L} = \frac{I}{\pi}\frac{h^2-2L^2}{[h^2+L^2]^{3/2}} = 0$ 时，

$$L = \frac{h}{\sqrt{2}} \quad 或 \quad AB = 2L = \sqrt{2}h \tag{3-2-24}$$

即当 $AB = \sqrt{2}h$ 时，h 深处的电流密度最大。

在电法勘探中，人们是从测量地表电场的分布了解地下情况的，地下矿体的存在和分布必须能引起地表电场有明显改变才能测出，因此，总是希望有较多的电流流入地下。为此应适当选择电极距，使所要了解的深度上电流密度最大。前面 $AB = \sqrt{2}h$ 的结论是在均匀半无限介质条件下得出的。当地下存在不均匀体时，问题较为复杂，最佳电极距与地电断面有关，一般讲，要探查的深度越大，电极距也应越大。

图3-2-4c是根据式（3-2-23）计算的电流密度随深度的变化曲线，由图可见，随着深度的增加，电流密度开始缓慢，而后迅速减小，当 h 为1.5AB 时，j_h 便只有0.032j_0 了。在沿 z 轴向下到等于 h 并沿走向无限延展的水平层中，通过 AB 中垂面内矩形面的电流为

$$I_h = \frac{IL}{\pi}\int_{-\infty}^{\infty}\int_{0}^{h}\frac{\mathrm{d}x\mathrm{d}z}{[x^2+z^2+L^2]^{3/2}} = \frac{I}{\pi}\arctan\frac{h}{L} \tag{3-2-25}$$

由式（3-2-25）计算所得之 $\frac{I_h}{L}$ 与 $\frac{h}{L}$ 的关系曲线见图3-2-4c，当 $h=2L$ 时，$I_h \approx 0.9I$。说明在地表供电时，地表电流密度最大，且主要集中于 AB 连线附近不太深的范围内。

（4）偶极电流源的地中电流场

如图3-2-5所示，当偶极源在地面时，地中任一点电位为

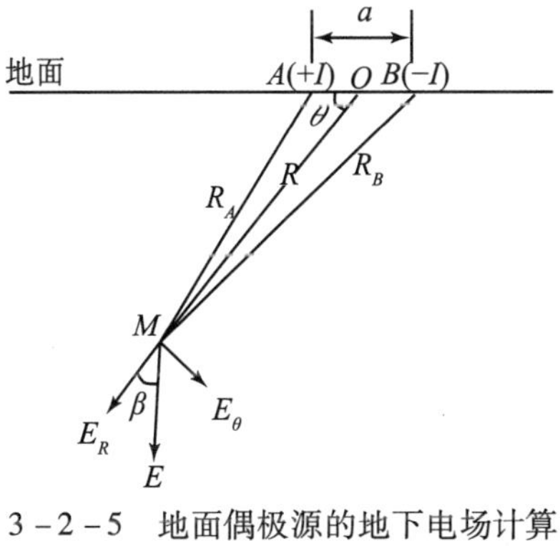

图3-2-5　地面偶极源的地下电场计算图

$$U = \frac{I\rho}{2\pi R_A} - \frac{I\rho}{2\pi R_B} = m\frac{\cos\theta}{R^2} \qquad (3-2-26)$$

式中：$m = \frac{I\rho}{2\pi}a$ 为偶极源的偶极矩；a 为 AB 间的距离。

M 点的电场强度可分解为沿径向 OM 的 E_R 和垂直向径方向的 E_θ：

$$E_R = -\frac{\partial U}{\partial R} = \frac{2m}{R^3}\cos\theta \qquad (3-2-27)$$

$$E_\theta = -\frac{\partial U}{R\partial\theta} = \frac{m}{R^3}\sin\theta \qquad (3-2-28)$$

于是
$$E = \sqrt{E_R^2 + E_\theta^2} = \frac{m}{R^3}\sqrt{3\cos^2\theta + 1} \qquad (3-2-29)$$

为了解电场在地中分布的方向变化，设 E 和 E_R 的夹角为 β，E 和地面夹角为 $\alpha(\alpha = \beta + \theta)$ 便可以写出

$$\tan\beta = \frac{E_\theta}{E_R} = \frac{1}{2}\tan\theta \qquad (3-2-30)$$

$$\tan\alpha = \tan(\beta + \theta) = \frac{3\tan\theta}{2 - \tan^2\theta} \qquad (3-2-31)$$

分析式（3-2-30）和式（3-2-31）可见：当 $2 - \tan^2\theta = 0$，即 $\theta_0 = \pm\arctan\sqrt{2} \approx 54°44'$ 时，$\alpha = \frac{\pi}{2}$；若将该 θ 角记作 θ_0，则当 $\theta < \theta_0$ 时，$\alpha < \frac{\pi}{2}$；当 $\theta > \theta_0$ 时，$\alpha > \frac{\pi}{2}$；当 $\theta = \frac{\pi}{2}$ 时 $\alpha = 0$ 和 π。称 θ_0 为变向角。

根据电流密度与电场强度的关系可得

$$j_R = \frac{2m}{\rho R^3}\cos\theta \qquad (3-2-32)$$

$$j_0 = \frac{m}{\rho R^3}\sin\theta \qquad (3-2-33)$$

$$j = \frac{m}{\rho R^3}\sqrt{3\cos^2\theta + 1} \qquad (3-2-34)$$

可见，电流密度在地中的分布特征与上述电场强度相同。于是，便可做出如图 3-2-6a 所示的地中电流分布。

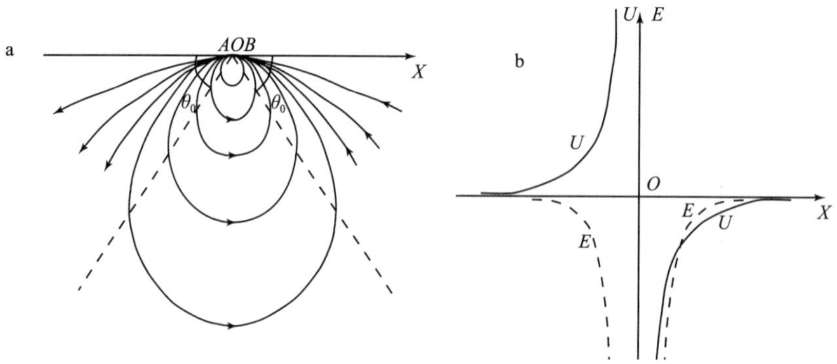

图 3-2-6　地面偶极源的地下电流及地面电场分布图

当测点 M 位于地面时，则有

$$U = m\frac{1}{x^2} \tag{3-2-35}$$

$$E = 2m\frac{1}{x^3} \tag{3-2-36}$$

$$j = \frac{2m}{\rho}\frac{1}{x^3} \tag{3-2-37}$$

其中坐标原点选在 AB 中点。

由图 3－2－6b 看出，电场强度（电流密度也一样）随测点远离偶极源时衰减很快（与 x 三次方成反比），而电位则衰减较慢（与 x 平方成反比），但均较一个点电源的电场衰减快。

（5）点源电流场中水平层状大地的电场

如图 3－2－7 所示，假定地面是水平的，在地面以下有 n 层水平地层，各层电阻率分别为 ρ_1，ρ_2，…，ρ_n，厚度分别为 h_1，h_2，…，h_n，每层底面到地面的距离为 H_1，H_2，…，H_{n-1}，$H_n=\infty$。在 A 点有一点电流源供电，其电流为 I。

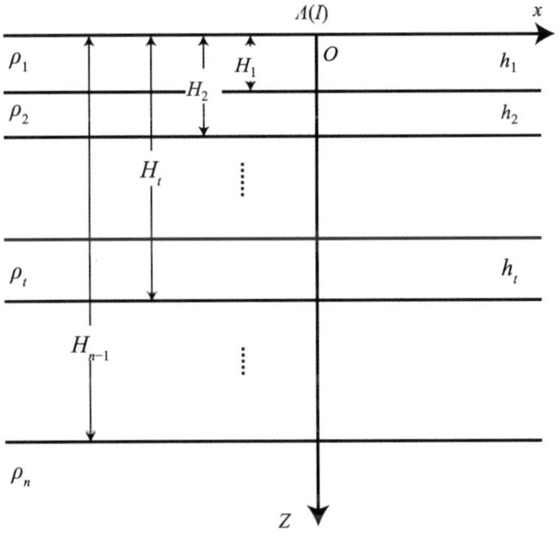

图 3－2－7　点源电流场中的多层水平地层

引用圆柱坐标系，将原点设在 A 点，Z 轴垂直向下，由于问题的解对 Z 轴有对称性，与 φ 无关，故电位分布满足下面形式的拉普拉斯方程。

$$\frac{\partial^2 U}{\partial r^2} + \frac{1}{r}\frac{\partial U}{\partial r} + \frac{1}{r^2}\frac{\partial^2 U}{\partial \varphi^2} + \frac{\partial^2 U}{\partial z^2} = 0 \tag{3-2-38}$$

用分离变量法求式（3－2－39）的解，设

$$U(r,z) = R(r)Z(z) \tag{3-2-39}$$

$R(r)$ 为仅含自变量 r 的待定函数，$Z(z)$ 是仅含自变量 z 的待定函数。将式（3－2－39）代入式（3－2－38），经整理得：

$$-\frac{\dfrac{d^2R(r)}{dr^2} + \dfrac{1}{r}\dfrac{dR(r)}{dr}}{R(r)} = \frac{\dfrac{d^2Z(z)}{dz^2}}{Z(z)} \tag{3-2-40}$$

式（3－2－40）左边为仅含 r 的函数，右边为仅含 z 的函数。要它们相等，只有都等于一个常数 m^2 才有可能，故由式（3－2－40）得到两个常微分方程：

$$\frac{d^2R(r)}{dr^2}+\frac{1}{r}\frac{dR(r)}{dr}+m^2R(r)=0 \tag{3-2-41}$$

$$\frac{d^2Z(z)}{dz^2}-m^2Z(z)=0 \tag{3-2-42}$$

式（3－2－41）为零阶贝塞尔方程，其解便为零阶贝塞尔函数 $J_0(mr)$ 和 $Y_0(mr)$；而式（3－2－42）的解为 e^{mz} 和 e^{-mz}。由于 $Y_0(mr)$ 在 Z 轴上（即 $r=0$）变为无限大，这与电位极限条件不符，故应舍掉，于是式（3－2－40）的通解便为

$$U(r,z)=\int_0^{\infty}[A(m)e^{-mz}+B(m)e^{mz}]J_0(mr)dm \tag{3-2-43}$$

式中：$A(m)$ 和 $B(m)$ 为待定的积分变量 m 的函数。

现先确定第一层电位的具体形式，由于当 $R=\sqrt{r^2+z^2}\to 0$ 时，电位与半无限介质相同，即 $U=\frac{\rho_1 I}{2\pi}\frac{1}{R}$，因此，在第一层中电位表达式为

$$U_1(r,z)=\frac{\rho_1 I}{2\pi}\frac{1}{R}+\int_0^{\infty}[A_1(m)e^{-mz}+B_1(m)e^{mz}]J_0(mr)dm \tag{3-2-44}$$

地面上任意一点的电流密度法向分量等于零

$$\left.\frac{\partial U_1}{\partial z}\right|_{z=0}=\int_0^{\infty}[B_1(m)-A_1(m)]J_0(mr)m\,dm=0 \tag{3-2-45}$$

因此 $B_1(m)=A_1(m)$，式（3－2－44）变为

$$U_1(r,z)=\frac{\rho_1 I}{2\pi}\frac{1}{R}+\int_0^{\infty}B_1(m)(e^{mz}+e^{-mz})J_0(mr)dm \tag{3-2-46}$$

应用韦伯－莱布尼兹积分：

$$\int_0^{\infty}e^{-mz}J_0(mr)dm=\frac{1}{\sqrt{r^2+z^2}} \tag{3-2-47}$$

将第一层的电位公式写为

$$U_1=\int_0^{\infty}\left[\frac{\rho_1 I}{2\pi}e^{-mz}+B_1(m)(e^{mx}+e^{-mz})\right]J_0(mr)dm \tag{3-2-48}$$

第二层以下到第 $n-1$ 层的电位为

$$U_i=\int_0^{\infty}[A_i(m)e^{-mx}+B_i(m)e^{mz}]J_0(mr)dm \tag{3-2-49}$$

$$i=2,\cdots,n-1$$

当 $z\to\infty$ 时电位应等于零，故 $B_n(m)=0$，因此第 n 层中的电位为

$$U_n=\int_0^{\infty}A_n(m)e^{-mz}J_0(mr)dm \tag{3-2-50}$$

在式（3－2－48）～式（3－2－50）中的系数 $A_2(m),\cdots,A_n(m)$ 和 $B_1(m),\cdots,B_{n-1}(m)$，共有 $2(n-1)$ 个。根据在各个界面上电位连续和电流密度法向分量连续这两组边界条件，可列出 $2(n-1)$ 个方程，解此方程组便可求出系数 $A_2(m),\cdots,A_n(m)$ 和 $B_1(m),\cdots,B_{n-1}(m)$。由于电测深工作在地面上进行，故只研究地面（$z=0$）的电位分布，即仅需列出 $B_1(m)$。例如，2 层和 3 层情况下的 $B_1^{(2)}(m)$ 和 $B_1^{(3)}(m)$ 分别为

$$B_1^{(2)}(m)=\frac{\rho_1 I}{2\pi}\frac{K_{12}e^{-2mh_1}}{1-K_{12}e^{-2mh_1}} \tag{3-2-51}$$

$$B_1^{(3)}(m)=\frac{\rho_1 I}{2\pi}\frac{K_{12}e^{-2mh_1}+K_{23}e^{-2m(h_1+h_2)}}{1-K_{12}e^{-2mh_1}-K_{23}e^{-2m(k_1+h_2)}+K_{12}K_{23}e^{-2mh_2}} \tag{3-2-52}$$

式（3－2－51）、式（3－2－52）中 $K_{12}=\dfrac{\rho_2-\rho_1}{\rho_2+\rho_1}$，$K_{23}=\dfrac{\rho_3-\rho_2}{\rho_3+\rho_2}$。于是在地面上（$z=0$）的点位表达式，由式（3－2－48）可写成

$$U_1(r,0)=\int_0^\infty\left[\frac{\rho_1 I}{2\pi}+2B_1(m)\right]J_0(mr)\mathrm{d}m \tag{3-2-53}$$

二、均匀大地电阻率的测定

在地面电阻率法中，测定均匀大地的电阻率时，除需要建立各类电流源的电源、供电极 A 和 B 以外，还需要测量电极 M 和 N。利用电测仪器测定 MN 电极间的电位差和 AB 回路的供电电流，来达到确定电阻率的目的（图 3－2－8）。

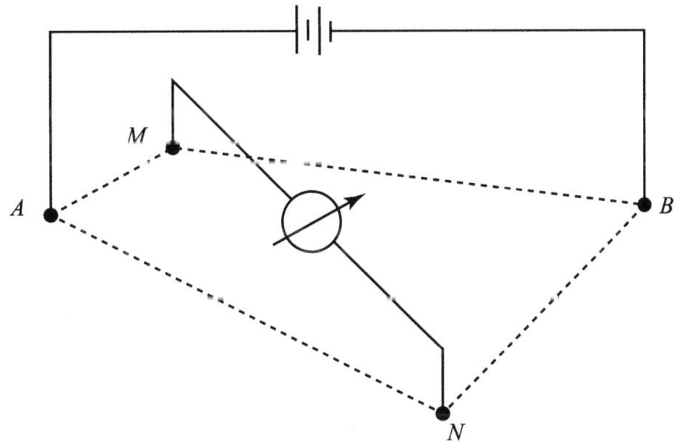

图 3－2－8　任意四极装置示意图

根据式（3－2－20）知，AB 供电时，MN 之间的电位差是

$$\Delta U_{MN}=U_M-U_N=\frac{I\rho}{2\pi}\left(\frac{1}{AM}-\frac{1}{BM}-\frac{1}{AN}+\frac{1}{BN}\right) \tag{3-2-54}$$

从中便可导出电阻率表达式

$$\rho=\frac{2\pi}{\dfrac{1}{AM}-\dfrac{1}{AN}-\dfrac{1}{BM}+\dfrac{1}{BN}}\cdot\frac{\Delta U_{MN}}{I}=K\frac{\Delta U_{MN}}{I} \tag{3-2-55}$$

$$K=\frac{2\pi}{\frac{1}{AM}-\frac{1}{AN}-\frac{1}{BM}+\frac{1}{BN}} \tag{3-2-56}$$

式中：K 称为电极排列系数（或装置系数），是一个仅与各电极间空间位置有关的量。在实际工作中，电极形式可多种多样，但电极的排列形式和电极距一经确定，K 值便可计算出来。

这里我们通过式（3－2－55）简要说明 K 值的物理意义。$\frac{\Delta U}{I}$ 的含义是电阻，可以理解它是通过 M 和 N 两个等电位面间所含介质的电阻，如图3－2－9a所示。为简便，我们用三极梯度排列形式来讨论。三极梯度排列是指 A、M、N 三个极，MN 间距很小，见图3－2－9b，式（3－2－56）可以化简为

$$K=\frac{2\pi}{\frac{1}{AM}-\frac{1}{AN}}=\frac{2\pi AM\cdot AN}{MN} \tag{3-2-57}$$

即当 $MN\ll AO$ 时（O 为 MN 的中点）

$$K=\frac{2\pi\,\overline{AO}^2}{MN} \tag{3-2-58}$$

$2\pi\,\overline{AO}^2$ 就是过 M 和 N 两个等位面的平均面积，MN 则是等位面 M 与 N 之间的距离。因此可以认为 K 与线状导体电阻定律 $\rho=\frac{S}{L}R$ 中的 $\frac{S}{L}$ 是相当的。

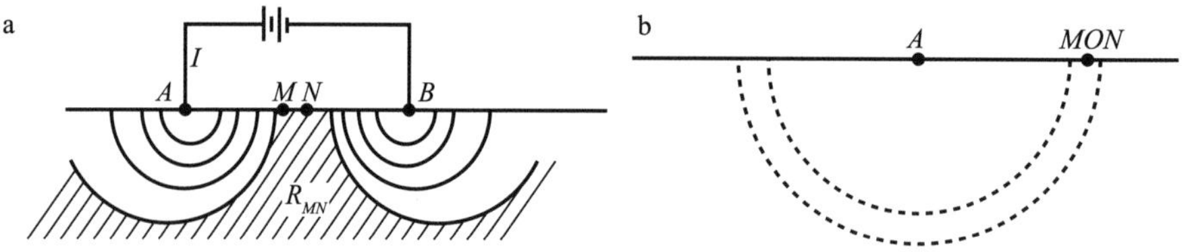

图3－2－9　K 值物理意义图

实际上，完全均匀的大地是不存在的，但当地质体的大小范围比电极距大得很多时，就可以将其视为半无限均匀空间，此时测得的电阻率可认为是该地质体的电阻率。因此，工作中常以小四极排列的露头测定，作为获得岩石电阻率参数的一种方法。

三、视电阻率的概念

自然界中，地下地质情况是复杂的，各种不同岩（矿）石分布是不均匀的。在电法勘探中，常把按电阻率划分的地质断面称为地电断面，电阻率法所研究的正是各种形式的非均匀地电断面。例如，在电阻率为 ρ_1 的均匀围岩中埋藏着电阻率高的 ρ_2 矿体和电阻率低的 ρ_3 矿体，由于岩性不均匀促使稳定电流场的空间分布发生变化。其表现是，低阻体吸引电流线，高阻体排斥电流线（图3－2－10）。为解释引起上述现象的原因，我们可通过对非均匀介质中稳定电流场的分析来加以说明。

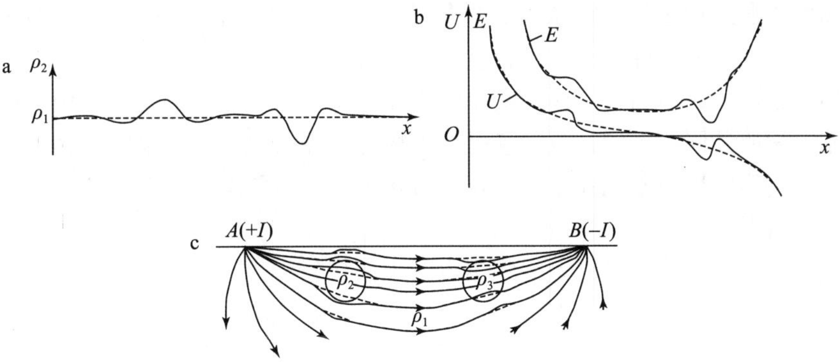

图 3－2－10　电阻率不均匀时地下电流分布示意图

1. 非均匀介质中稳定电流场及其实质

设有 ρ_1 和 ρ_2 平面接触的非均匀介质，在 ρ_1 中有电流 I，M_1 和 M_2 是 ρ_1 和 ρ_2 分界面两侧的考查点，它们都无限靠近界面，因此可以认为 $AM_1=AM_2$（图 3－2－11）。

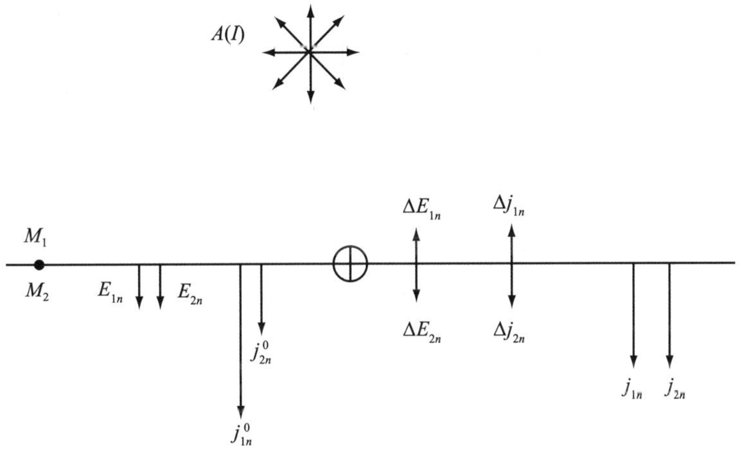

图 3－2－11　电阻率分界面上电荷积累示意图

当电流 I 刚刚接通回路的瞬间（$t\to0$ 时），电流源 I 在 M_1 和 M_2 产生的电场强度应该相等，即 $E_1=E_2$，同时其法线分量亦同

$$E_{1n}=E_{2n} \tag{3-2-59}$$

于是有

$$\rho_1 j_{1n}^0=\rho_2 j_{2n}^0 \tag{3-2-60}$$

式中：j_{1n}^0 和 j_{2n}^0 是建场初界面两侧电流密度的法线分量，若 $\rho_1<\rho_2$，因为 $j_{1n}^0>j_{2n}^0$，这样界面上将出现电荷的堆积。$\rho_1<\rho_2$ 积累正电荷，反之积累负电荷（见图 3－2－11）。这些积累的电荷本身也产生场，其作用是使一次场强度小的一侧加大，一次场强度大的一侧减小，积累结果使两侧总的电流密度法线分量相等。即

$$j_{1n}^0+\Delta j_{1n}=j_{2n}^0+\Delta j_{2n} \tag{3-2-61}$$

记为

$$j_{1n}=j_{2n} \tag{3-2-62}$$

此时场内电荷运动达到平衡状态，即场达到稳定状态。表达式（3-2-62）为稳定电流场在界面上的边界条件——电流密度的法向分量连续。

由上述讨论可知，非均匀介质中的稳定电流场实质上可以看成是由场源 I 和电阻率分界面上积累电荷所共同产生的，或者说是供电极与介质接触面以及电阻率分界面上积累电荷所产生的。与静电场的差别在于：稳定电流场由动平衡状态的运动电荷所致，而静电场则由静电荷所激发。

稳定电流场在电阻率分界面上的积累电荷呈面状分布，并且不均匀，距场源近处密度大，远处则密度小。积累电荷的密度与场源强度及界面两侧电阻率差等成正比。

通过上述对稳定电流场实质的讨论之后，就不难理解高阻排斥和低阻吸引的道理了。实际上吸引或排斥均系界面上积累电荷的作用。当电流由低阻体进入高阻体时，界面上积累正电荷与场源同符号，按同性排斥的原理，高阻体对来自场源的电流线起排斥作用。反之，若电流由高阻体进入低阻体，界面上积累负电荷，与场源符号相反，按异性吸引的道理，低阻体对场源发出的电流线起了吸引作用。

2. 视电阻率

电阻率表达式（3-2-54）的应用条件是：地面为无限大的水平面，地下充满均匀各向同性的导电介质，满足这些条件得到的才是大地电阻率。然而，实际上常常不能满足这些条件，地形往往起伏不平，地下介质也不均匀，各种岩石相互重叠，断层裂隙纵横交错，或者有矿体充填其中。这时，仍然用四极法测量，由式（3-2-55）算得的电阻率值，在一般情况下既不是围岩电阻率，也不是矿体电阻率，我们称其为视电阻率，用 ρ_s 表示，即

$$\rho_s = K\frac{\Delta U_{MN}}{I} \tag{3-2-63}$$

式中：K 仍由式（3-2-56）确定，无论地面是否起伏不平，AM、AN、BM 和 BN 等常分别表示 A、B 和 M、N 间的水平距离。

视电阻率虽然不是岩石的真电阻率，但却是地下电性不均匀体和地形起伏的一种综合反映。故可利用其变化规律以发现和探查地下的不均匀性，达到找矿和解决其他地质问题的目的。由于视电阻率是电阻率法的一个基本参数，因此，下面较详细地讨论其定性分析公式和物理意义。

在野外工作中，虽然用式（3-2-63）计算视电阻率 ρ_s，但在分析资料或分析视电阻率与地电断面的关系时，常需将 ρ_s 与地中电场的分布联系起来，特别是与地表的电阻率、电流密度及电场强度等联系起来认识。式（3-2-63）中的电位差可表示为

$$\Delta U_{MN} = \int_N^M E_{MN}\cdot \mathrm{d}l = \int_N^M j_{MN}\cdot \rho_{MN}\mathrm{d}l \tag{3-2-64}$$

式中：E_{MN} 和 j_{MN} 为测量电极间任意点沿 MN 方向的电场强度分量和电流密度分量；ρ_{MN} 为测量电极间任意点的岩石电阻率；$\mathrm{d}l$ 为测量电极间任意点沿 MN 方向的长度单元。

将式（3-2-64）代入式（3-2-63）可得

$$\rho_s = \frac{K}{I}\int_N^M E_{MN}\cdot \mathrm{d}l = \frac{K}{I}\int_N^M j_{MN}\cdot \rho_{MN}\mathrm{d}l \tag{3-2-65}$$

式（3-2-65）对任何布极形式和电极间距离以及地下任何不均匀情况均适用。它清楚

地表明，视电阻率在数值上与 MN 间沿地表的电流密度和电阻率的分布有关，而地表电流密度的分布，既受地表电阻率分布也受地下电性不均匀体的影响。因此，在电极排列一定的条件下，ρ_s 的变化由地表及地下电阻率分布所决定。

当 MN 很小时，可将 MN 范围内的电场强度视为不变，式（3-2-65）可化为

$$\rho_s = \frac{K}{I}E_{MN} \cdot MN = \frac{K \cdot MN}{I}j_{MN} \cdot \rho_{MN} \tag{3-2-66}$$

为了与无矿情况的正常电场相比较，设地面水平，地下均匀各向同性岩石的电阻率为 ρ，MN 间的电流密度为 j_0，此时式（3-2-66）可写成

$$\rho_s = \frac{K \cdot MN}{I}j_0 \cdot \rho \tag{3-2-67}$$

因讨论的是均匀介质，故 ρ_s 应等于 ρ，于是便有

$$\frac{K \cdot MN}{I} = \frac{1}{j_0} \tag{3-2-68}$$

将式（3-2-68）代入式（3-2-66）得

$$\rho_s = \frac{j_{MN}}{j_0}\rho_{MN} \tag{3-2-69}$$

式（3-2-69）称为视电阻率的微分形式，在分析一些理论计算、模型实验及野外地面观测结果时，经常要用到它。

式（3-2-69）表明，视电阻率 ρ_s 与测量电极 MN 间的岩石电阻率 ρ_{MN} 及电流密度 j_{MN} 成正比。由此，从图3-2-10a 可看出在左边无矿地段 $j_{MN} = j_0$，所以 $\rho_s = \rho_1$。在高阻体顶上，矿体向外排斥电流，使得测量电极 M、N 间的电流密度 $j_{MN} > j_0$，故 $\rho_s > \rho_1$，在高阻体顶上出现大于正常背景的极大值；在高阻体两侧，虽然 $\rho_{MN} = \rho_1$，但 $j_{MN} < j_0$，故 $\rho_s < \rho_1$，即在高阻体两侧出现小于正常背景（ρ_1）的 2 个不明显的极小值。在右边的低阻矿体顶上，矿体吸引电流的作用，使矿体顶部 $j_{MN} < j_0$，于是 $\rho_s < \rho_1$。故在低阻矿体顶上出现小于正常背景的极小值。而在其两侧，因为 $j_{MN} > j_0$，使 $\rho_s > \rho_1$，所以在低阻矿体两侧出现大于正常背景的不明显的极大值。由上述分析可见，利用视电阻率的微分形式分析 ρ_s 曲线的变化规律简单、清楚。

还应说明，由于 E_{MN} 和 j_{MN} 值均与供电电流（I）成正比，故无论在哪个 ρ_s 表达式中，视电阻率的最后量值永远与电流的大小无关。

综上所述，可将视电阻率的性质归纳为如下 4 点：

1）当地下只有一种岩石时，式（3-2-55）和式（3-2-63）是相同的，故按式（3-2-63）算得的 ρ_s 值等于岩石真电阻率 ρ_1 值。ρ_s 剖面曲线乃为一条数值等于 ρ_1 的直线。

2）当地下有矿体时，在高电阻率矿体上测得的视电阻率 ρ_s 值，将较围岩电阻率 ρ_1 值大；在低电阻率的矿体上测得的 ρ_s 值，将比 ρ_1 小。因此，ρ_s 曲线的变化状态不但能反映出地下不均匀体的位置和不均匀体电阻率的相对高低，而且，由于 ρ_s 以围岩电阻率 ρ_1 作为正常背景值，故在 ρ_s 剖面曲线上，能够比电位和电场强度剖面曲线更清楚地反映出地下矿体的埋藏状况，ρ_s 异常曲线不受正常电流场分布不均匀性的影响。这些便是在电阻率法中引用视电阻率的主要目的和意义。

3）在地下有多种电阻率不同的岩体存在时，测得的 ρ_s 值为地下所有岩体总的作用结果。一般说，ρ_s 既不等于这个岩体的电阻率值，也不等于那个岩体的电阻率值。它与地下不均匀体的分布状态和各个不均匀体的真电阻率值有关。由于在任何不均匀情况下，电位差（ΔU_{MN}）值总与供电电流（I）成正比，故由式（3-2-63）不难理解，视电阻率值与供电电流（I）无关，只与地下不均匀体的情况和各电极的位置或排列方式等有关。

4）地形起伏会改变地面电流的分布，因此地形对视电阻率有影响。有关地形影响问题，在后续内容中讨论。

第三节　电剖面法

一、联合剖面法

联合剖面法是电剖面法中最重要的方法。由于它实际上是由两个三极装置组合而成，因此提供了较其他电剖面法更为丰富的信息。此外，联合剖面法还具有分辨能力强、异常明显等优点，因此在水文及工程地质等调查中获得了广泛的应用，如确定含水破碎带的位置等。但由于联合剖面法有无穷远极，野外工作中有装置笨重、地形影响大等缺点。

联合剖面法的装置形式如图 3-3-1 所示。在每一测点分别用两个三极装置 AMN 及 MNB 进行观测，所得视电阻率分别用 ρ_s^A 及 ρ_s^B 表示，从而在一条剖面上便可获得两条视电阻率曲线。作图时，一般将 ρ_s^A 用实线表示；ρ_s^B 用虚线表示。图中公共电极 C 被置于远离测线并大于 5 倍 AO 的距离上，称为“无穷远”极，即相对于观测地段而言，其影响可以忽略。

1. 两种岩石直立接触面上联合剖面的 ρ_s 曲线

（1）直立接触面的点电源电场

两种岩石直立接触面的点电源电场的分析方法，既可采用解拉氏方程的方法，也可采取解电学问题的一种特殊方法——“镜像法”。图 3-3-2 是在半空间地表求解直立接触面两边电场分布的“镜像法”示意图。设点电源 $A(I)$ 位于分界面左边岩石的地表，A 与分界面的距离为 d。下面分两种情况来讨论：①当求解有源介质中的电场时，如 M_1 点，除了点电源 A 在考察点要形成影响外，电性界面上的非均匀分布的积累电荷也将产生影响，这种影响可用一个虚电源 A'来代替，并把它放在与 A 相对于分界面为镜像对称的位置，其电流用 I_1 来代表。做了上述处理之后，地下半空间便相当于充满了电阻率为

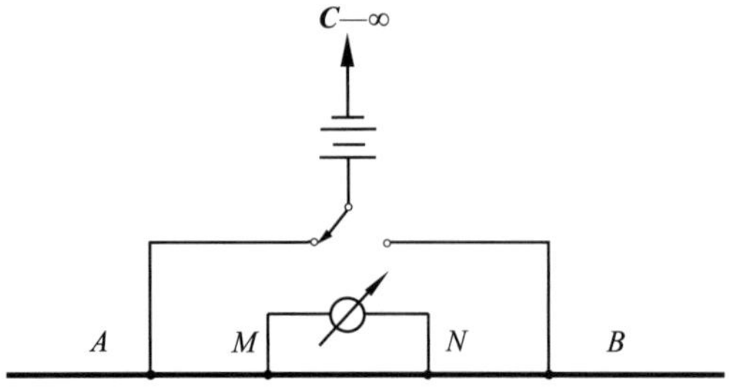

图 3-3-1　联合剖面法的装置示意图

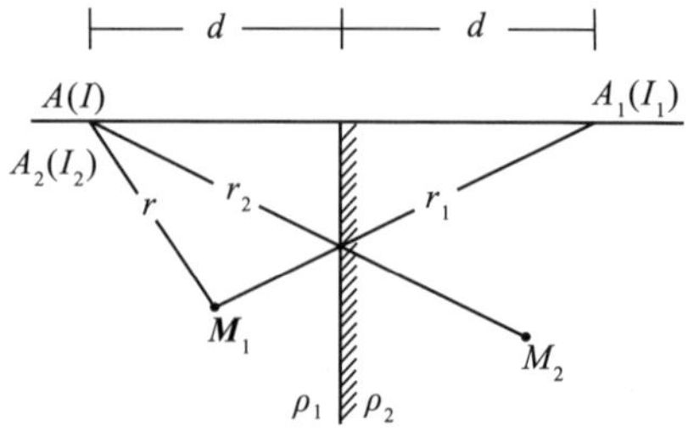

图 3-3-2　“镜像法”示意图

ρ_1 的均匀岩石；②当考察点位于无源介质时，如 M_2 点，则 ρ_1 岩石对电场的作用也可以用一个“虚电源”来代替，但此时虚电源的位置将与实源 A 重合，重合后的点电源用 A_2 来表示，其电流为 I_2。此时地下半空间又相当于充满了电阻率为 ρ_2 的单一岩石。显然，当实、虚电源与考察点的距离按图 3-3-2 所示设定时，考察点 M_1、M_2 处的电位表达式便可写成

$$\left.\begin{aligned} U_1 &= \frac{I\rho_1}{2\pi r} + \frac{I_1\rho_1}{2\pi r_1} \\ U_2 &= \frac{I_2\rho_2}{2\pi r_2} \end{aligned}\right\} \tag{3-3-1}$$

$$\left.\begin{aligned} I - I_1 &= I_2 \\ \rho_1(I + I_1) &= \rho_2 I_2 \end{aligned}\right\} \tag{3-3-2}$$

解此联立方程得

$$\left.\begin{aligned} I_1 &= K_{12} I \\ I_2 &= (1 - K_{12}) I \end{aligned}\right\} \tag{3-3-3}$$

式中：$K_{12} = \dfrac{\rho_2 - \rho_1}{\rho_2 + \rho_1}$ 为反射系数。将求出的 I_1 与 I_2 代入式（3-3-1）后，便得到考察点 M_1 和 M_2 处电位的具体表达式

$$\left.\begin{aligned} U_1 &= \frac{I\rho_1}{2\pi}\left(\frac{1}{r} + \frac{K_{12}}{r_1}\right) \\ U_2 &= \frac{I\rho_2}{2\pi}\left(\frac{1}{r} + \frac{K_{12}}{r_2}\right) \end{aligned}\right\} \tag{3-3-4}$$

显然，有了电位分布后便可计算剖面上各点的视电阻率。

（2）直立接触面上的联合剖面 ρ_s 曲线

首先来讨论没有覆盖层时两种岩石垂直接触面上联合剖面法的 ρ_s 曲线。为了方便，先来分析三极排列 AMN 位于界面不同位置时的 ρ_s^A 曲线的变化规律，见图 3-3-3，设 $\rho_1 < \rho_2$，且 $MN \to 0$。讨论中利用视电阻率的微分公式进行定性分析。

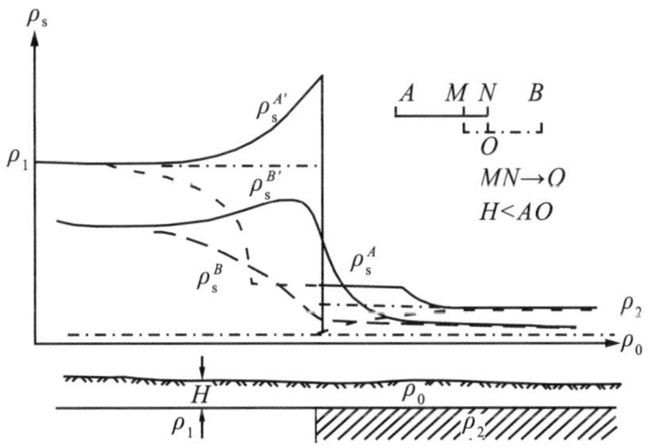

图 3-3-3 直立接触面（$\rho_1 > \rho_2$）上联合剖面法 ρ_s 曲线

无浮土时：$\rho_s^{A'}$，$\rho_s^{B'}$；有浮土时：ρ_s^A，ρ_s^B

1）三极排列 AMN 在界面左侧并远离界面时，电性界面的影响可以忽略，相当于均匀半空间的情况，因此 $j_{MN} \to j_0$，$\rho_{MN} = \rho_1$，所以 $\rho_s^A \to \rho_1$，也就是说，在远离界面时，ρ_s^A 曲线出现 ρ_1 渐近线。

2）三级排列 AMN 向右移动并逐渐接近直立界面时，由于 $\rho_2 < \rho_1$，电流线被低阻介质所吸引，故而使 $j_{MN} > j_0$，则 $\rho_s^A > \rho_1$。并且当 MN 位于界面附近（尚未过界面）时，ρ_s^A 出现极大值。

3）当 MN 跨越界面时，ρ_{MN} 由 ρ_1 变为 ρ_2，根据电流密度法线分量连续的边界条件，在界面两侧无限靠近的两点，$j_{MNA(左)} = j_{MNA(右)}$，由于 $\rho_2 < \rho_1$，故 ρ_s^A 曲线过界时产生跃变，由 $\rho_s^{A'}$ 降至 $\rho_s^{A''}$，两者满足 $\rho_s^{A'} = \dfrac{\dot{j}_{MN}^A}{\dot{j}_0^A} \cdot \rho_1$ 和 $\rho_s^{A''} = \dfrac{\dot{j}_{MN}^A}{\dot{j}_0^A} \cdot \rho_2$，故

$$\frac{\rho_s^{A''}}{\rho_s^{A'}} = \frac{\rho_2}{\rho_1} \qquad (3-3-5)$$

4）当 A 与 MN 分别位于界面两侧时，由于界面的屏蔽作用，故 ρ_s^A 曲线出现了一段长度等于极距 AO 的水平直线段。这种现象也可以利用镜像法来加以解释，即当考察点（O）位于无源（ρ_2）介质一侧时，代替界面积累电荷影响的虚电源和实电源（A）相重合，由于极距 AO 固定，所以两者（实电源、虚电源）在考察点的影响也就不变。

5）当 A 极过界并当三极排列 AMN 向右远离界面时，由于 ρ_1 高阻介质的排斥作用逐渐减小，j_{MN}^A 逐渐趋于 j_0^A，因而 $\rho_s^A \to \rho_2$。即当三极排列向右远离界面时，ρ_s 曲线出现 ρ_2 渐近线。

关于三极排列 MNB 在两种岩石层的直立接触面上所形成的 ρ_s^B 曲线，详见图 3－3－3 的虚线部分。

最后，我们来看一下当两种岩石垂直接触面上有浮土 ρ_0 时对联合剖面曲线的影响。由图 3－3－3 可见，浮士的存在将使 ρ_s 曲线变缓，并使整条曲线 ρ_s 值下降。其中，电极排列靠近高阻一侧的 ρ_s^A 曲线，在界面附近变化仍较明显，具有阶梯状特征。根据经验，该曲线极大值的 1/3 位置处对应隐伏界面的位置。

2. 良导脉状体上联合剖面 ρ_s 曲线

对于良导脉状体的联合剖面 ρ_s 理论曲线，目前尚没有严格的解析计算公式，但通过模型实验和数值模拟的方法得到了各种情况的正演 ρ_s 曲线。在图 3－3－4 中给出了应用面积分方程法进行模拟计算得出的几种不同倾角良导脉状体的 ρ_s 曲线。下面以直立低阻脉状体为例，对其异常特征加以讨论。

由图 3－3－4 可见，在此脉状体上方，联合剖面的 ρ_s^A 和 ρ_s^B 曲线具有完全不同的特征，在模型顶部出现联合剖面 ρ_s 曲线的正交点，所谓正交点是指：在交点左侧，$\rho_s^A > \rho_s^B$；在交点右侧，$\rho_s^A < \rho_s^B$。联合剖面法这种特征的出现，可以利用视电阻率定性分析公式加以说明。为了简便，我们不再对曲线的变化作逐点讨论，这里利用两个三极排列在模型两侧时由低阻体所引起的 ρ_s 曲线的变化规律说明交点的形成及其性质。当两个三极排列（AMN，MNB）位于模型左侧时，低阻体对电流线的吸引，使 A 极在 MN 间产生的电流密度 $\dot{j}_{MN}^A > \dot{j}_0^B$，因而 $\rho_s^A > \rho_0$；同时使 B 极在 MN 间所产生的电流密度 $\dot{j}_{MN}^B < \dot{j}_0^B$，因而 $\rho_s^B < \rho_0$。当电极排列越靠近模型，这种作用便越强烈，因而在模型左侧便出现 $\rho_s^A > \rho_s^B$ 的情况。当电极排列

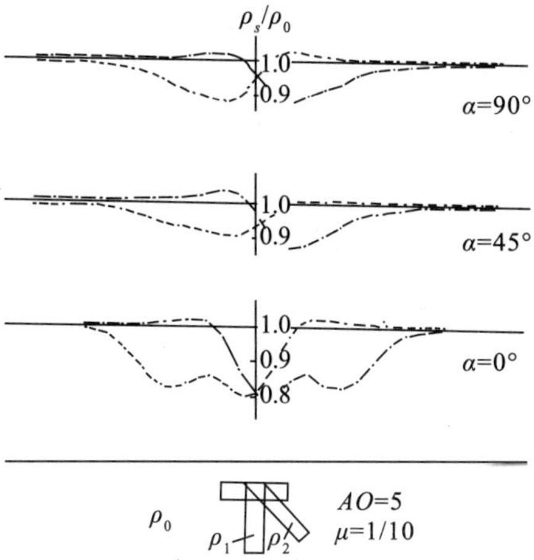

图 3-3-4　不同倾角低阻脉体的联合剖面 ρ_s 曲线

位于模型右侧时，由于低阻体对电流线的吸引，出现与左侧相反的情况，即 $j_{MN}^{A} < j_0^{A}$，因而 $\rho_s^A < \rho_0$；$j_{MN}^{B} > j_0^{B}$，因而 $\rho_s^B > \rho_0$。当电极远离模型，这种作用便逐渐减弱。综合两条（ρ_s^A 及 ρ_s^B）曲线在模型两侧的变化，便出现以联合剖面正交点为其主要特征的异常变化规律。当低阻体的产状变化时，如 $\alpha = 45°$，曲线仍以正交点为主，只是出现了不对称的现象，并且交点向倾向一侧位移。当 $\alpha = 0°$时，曲线对称，异常仍以正交点为主。

最后顺便指出，在高阻脉状体上，联合剖面将出现 ρ_s 反交点：即在高阻体左侧，$\rho_s^A < \rho_s^B$；在高阻体右侧，$\rho_s^A > \rho_s^B$，而且交点的平均值较高。关于反交点的形成原因，这里不再讨论。

3. 低阻球体上联合剖面 ρ_s 曲线

等轴状地质体（如充水溶洞等）可以用球体模型来模拟。图 3-3-5 是根据解析计算公式算出的良导球体上方联合剖面的理论曲线。计算时，假设良导球体的电阻率 $\rho_2 = 0$，以球体半径 a 作为长度单位，球心埋深 $h_0 = 1.6a$。

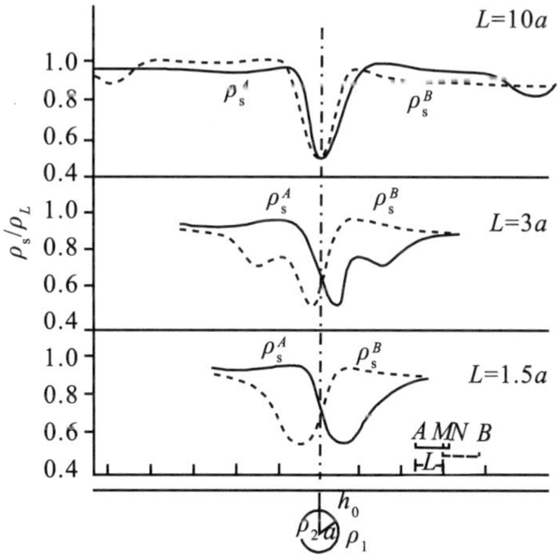

图 3-3-5　良导球体上联合剖面 ρ_s 曲线

由图 3－3－5 可见，在良导球体上联合剖面也出现正交点，只是由于供电极距的不同，异常特征有较大的变化。下面我们来讨论 ρ_s 曲线的形态特征和异常大小与电极距（AO）的关系。当电极距 $L = 1.5a$ 时，ρ_s^A 和 ρ_s^B 曲线组成一个"8"字形、球体顶部出现正交点。交点两侧两条曲线均出现极小点，ρ_s^A、ρ_s^B 曲线呈两翼张开的特点。极距加大，如 $L = 3a$ 时，ρ_s^A、ρ_s^B 曲线除在交点两侧分别出现主极值外，还在两侧各出现一个次一级的极小值。这是由于供电电极 A 或 B 通过球体上方时，球体向下吸引电流线所形成的。当极距继续加大，直至 $L = 10a$ 时，两条曲线逐渐靠拢，以至它们的极小点完全重合、低阻带中心对应于球心在地表的投影。这种情况和相应极距的对称四极剖面曲线完全相当。显然，当极距很大时，球体附近的电场实际上相当于均匀电流场。

4. 联合剖面法的干扰分析及校正

我们已经讨论了一些简单地电条件下联合剖面曲线的异常特征。但是在实际工作中，地质地球物理条件是十分复杂的，地表电性不均匀、地形起伏及地电断面的结构都将使实测曲线变得十分复杂。因此在进行联合剖面资料解释之前，还必须结合现场情况对实测曲线进行分析与处理，尽可能地识别和消除一些干扰因素的影响，从而突出地质对象所引起的异常，以便作出比较符合客观实际的地质解释。

（1）比值参数的概念及应用

联合剖面装置是由两个三极装置组合而成的，因此它提供了较其他电极装置更为丰富的地质信息。下述比值参数不仅具有以某种形式再现联合剖面异常的特点，而且不同的比值参数还具有不同的抑制干扰和分解复合异常的能力。因此，根据需要适当选取某种比值参数来突出地质对象所产生的异常。

A. 比值（F）参数

在联合剖面法的实际工作中，地表覆盖层中局部电性不均匀体的存在将导致 ρ_s^A 及 ρ_s^B 曲线的同步跳跃，致使联剖曲线的异常特征难以辨认，给资料的解释带来困难。我们可计算比值（F）参数以减弱或消除其影响，其计算公式为

$$\left.\begin{aligned} F^A(i) &= \frac{\rho_s^A(i)}{\rho_s^B(i)} \\ F^B(i) &= \frac{\rho_s^B(i)}{\rho_s^A(i)} \end{aligned}\right\} \tag{3-3-6}$$

式中：$\rho_s^A(i)$ 与 $\rho_s^B(i)$ 为剖面上某点的视电阻率值。图 3－3－6 为某金属矿床上联合剖面法的实测结果，表层电性不均匀使联合剖面曲线呈锯齿状，比值（F）曲线消除了这一影响，突出了地质对象的异常反映。

B. 比值（λ）参数

比值（λ）参数是联合剖面资料处理中又一种以比值参数突出地质异常的方法，通常将由比值（λ）参数所绘制的曲线称为歧离带变化率曲线，其计算公式为

$$\lambda(i,i+1) = \frac{\rho_s^A(i)}{\rho_s^B(i)} \bigg/ \frac{\rho_s^A(i+1)}{\rho_s^B(i+1)} \tag{3-3-7}$$

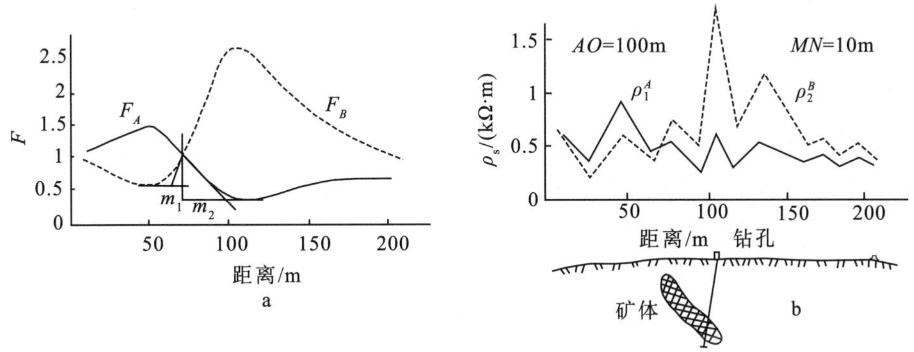

图 3－3－6　地表电性不均匀对联合剖面曲线的影响及校正

a—F^A、F^B曲线；b—ρ_s^A（i）、ρ_s^B（i）曲线

式中：ρ_s^A（i）与ρ_s^A（$i+1$）分别表示剖面上相邻两点的视电阻率值，通常将计算结果示于第（i）点与（$i+1$）点之间。图 3－3－7 为低阻直立薄板上方联合剖面曲线与比值（λ）曲线，显然，在低阻直立薄板上方形成了（λ）参数的单峰异常，在模型两侧出现负值，远离模型异常迅速下降并逐渐趋于背景值。图 3－3－8 为两个倾斜低阻薄板的模型试验结果。两者倾角均为 63°、电阻率为围岩介质的 1/20，其间距为 1/2AO。从图中可见，由于两个低阻板异常的叠加，联合剖面 ρ_s 曲线仅出现一个反映两者共同存在的交点，而比值（λ）曲线则出现了两个明显的与模型对应的单峰异常，可见（λ）参数具有一定的分解复合异常的能力。

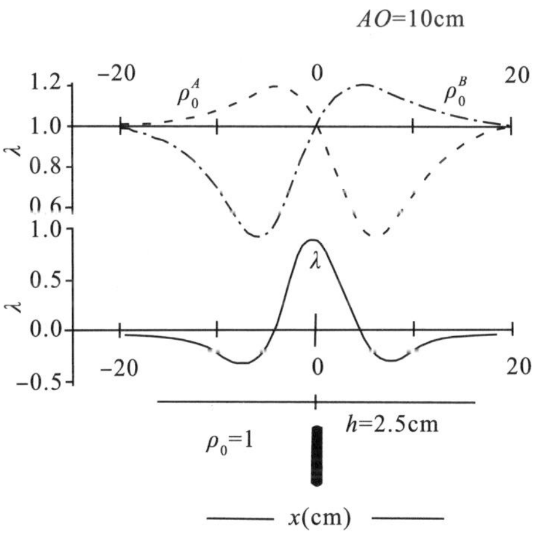

图 3－3－7　低阻直立薄板联合剖面曲线与 λ 曲线

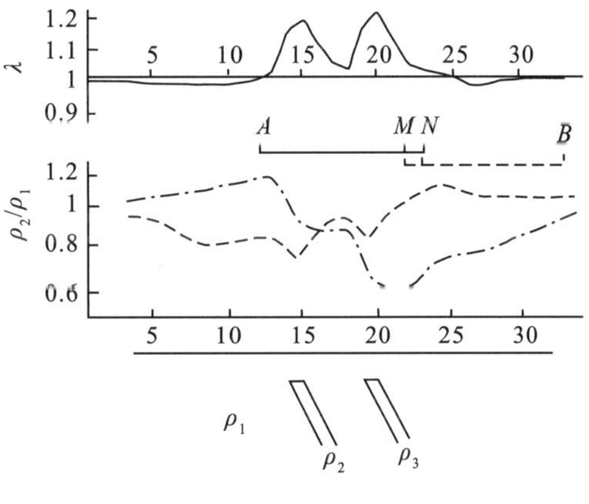

图 3－3－8　两个倾斜低阻薄板联合剖面曲线与 λ 曲线

（2）地形对联合剖面曲线的影响及校正

与水平地表的情况相比，地形起伏不仅使测点的空间位置发生改变，而且使电场的分布发生了很大变化，从而使联合剖面 ρ_s 曲线的分布规律变得复杂，直接影响和降低了电法勘探的地质效果。所以，研究和分析地形起伏对电阻率 ρ_s 曲线的影响规律，来获得有效的地形改正方法。

A. 地形起伏所引起的视电阻率异常特征

野外实际条件下的地形变化是十分复杂的，相对于测线长度，假若地形有一定的走向，则可以把它看作二度地形，在剖面上可以把它近似为由一系列的角域地形组成。所谓角域地形是指由两个半无限平面所限定的空间，其中充满了某种电阻率的导电介质。图3－3－9给出了几种角域地形上联合剖面法的理论曲线。图3－3－9a为坡角$\alpha=\beta=30°$、顶角$\varphi=120°$时山脊地形上出现的以低阻反交点为特征的纯地形异常。下面我们从地形对电流场分布的影响来讨论ρ_s曲线的变化规律。

地形的存在实际上相当于在原来均匀半空间的地表叠加了一些低阻或高阻不均匀地电体。对于顶角$\varphi=120°$的山脊地形来说，当联合三极装置*AMNB*位于左坡面时，可以把坡面向右延伸，因而使无限斜坡右端的下方出现电阻率$\rho\to\infty$的空气介质。当联合三极装置由左侧逐渐向山顶移动时，j_{MN}^{A}因受右侧高电阻率空气介质的排斥而减小，从而使ρ_s^A也随之减小，并当*MN*位于山脊顶部时取得极小值。与此同时，j_{MN}^{B}因受右侧高阻空气介质的排斥而增大，因而使ρ_s^B随之增大，并当*B*极位于山脊顶部时出现极大值。当*AMNB*全部位于右坡面时，同样可以把坡面向左延伸，从而使无限斜坡的左端出现了电阻率$\rho\to\infty$的空气介质。当联合三极装置*AMNB*由山顶向右移动时，j_{MN}^{A}因受左侧高电阻率空气介质的排斥而增大，因而使ρ_s^A随之增大，并当*A*极位于山脊顶部时取得最大值。j_{MN}^{B}因受左侧高阻空气介质的排斥而减小，从而使ρ_s^B减小，并当*MN*位于山脊顶部时出现极小值。由于山脊是对称的，所以ρ_s^A和ρ_s^B两条曲线呈镜像关系，在远离山脊的坡面两侧两者均等于介质的真电阻率ρ_0。显然，在山脊地形上出现"反交点"，交点的平均值较低。

用同样的分析方法可以得出，在山谷地形上联合剖面ρ_s曲线将出现"正交点"，交点的平均值较高，见图3－3－9b。

综上所述，角域地形的异常特点如下：

1）地形异常主要发生在角域顶点附近；

2）在正地形上出现低阻反交点，在负地形上出现高阻正交点；

3）在坡面上，地形异常主要表现在ρ_s^A和ρ_s^B的分离，即出现歧离带。

B. 地形改正方法

在地形起伏的剖面上所测得的ρ_s曲线，实际上包括了由地质体或构造所产生的异常和纯地形所产生的异常，两者叠加使曲线复杂化。为了消除或减弱地形影响，目前在实际工作中广泛采用了"比较法"。该方法是将野外实测的视电阻率曲线（$\rho_s^{实测}$）除以相应点位上的纯地形影响值（$\rho_s^{地形}$），这样便得到经过比较法地形改正后的视电阻率曲线（$\rho_s^{改}$），即

$$\rho_s^{改}=\rho_s^{实测}/(\rho_s^{地形}/\rho_0) \qquad (3-3-8)$$

式中：ρ_0为模拟地形介质的真电阻率；ρ_s为消除或减弱地形影响后的视电阻率。由此可见，要想进行联合剖面资料的地形改正，必须首先获得纯地形上的视电阻率（$\rho_s^{地形}$）值，目前获得的主要方法是计算机模拟和模型试验方法。图3－3－10是利用比较法进行地形改正的例子。地改前，野外实测曲线仅在山坡下的构造破碎带上出现平行低阻异常带；地改后，出现低阻正交点。地形改正效果十分明显。

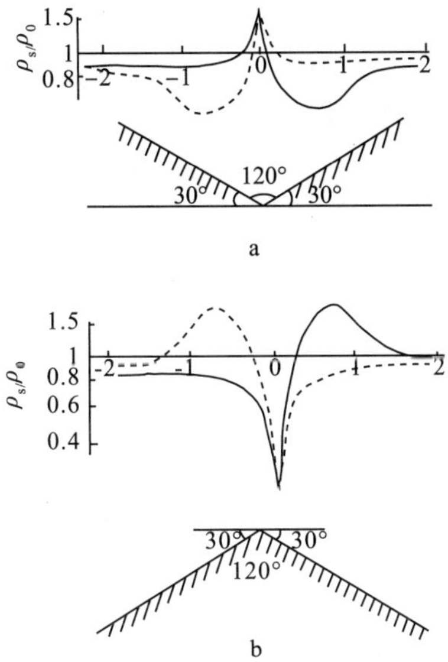

图3－3－9　两种角域地形联合剖面曲线

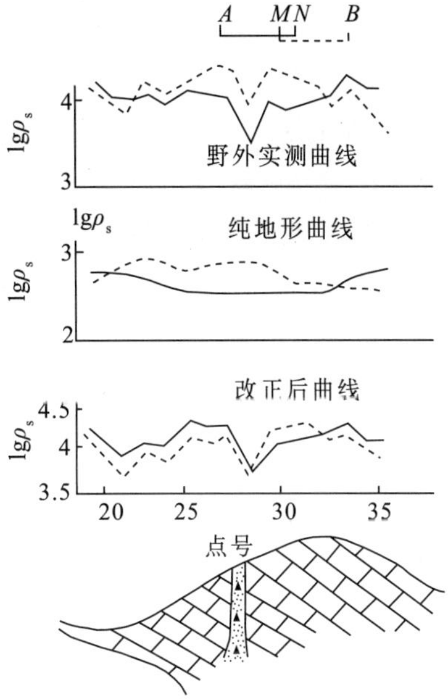

图3－3－10　地形改正实例

二、其他电剖面法

1. 对称剖面法

对称四极排列是电剖面法中又一种电极装置形式。其供电电极 AB 和测量电极 MN 均对称于测点布设且保持极距固定，沿剖面逐点观测 ΔU 和 I，然后按式（3－3－9）计算电阻率

$$\rho_s^{AB} = K\frac{\Delta U_{MN}}{I} \tag{3-3-9}$$

式中：$K=\pi\dfrac{AM\cdot AN}{MN}$ 为装置系数。如果对称于测点再布设一对供电电极 $A'B'$，且 $A'B' > AB$。于是在一个测点便可获得反映两种不同深度地电特性的测量结果，后者也称为复合四极法。图3－3－11为对称剖面法电极装置示意图。

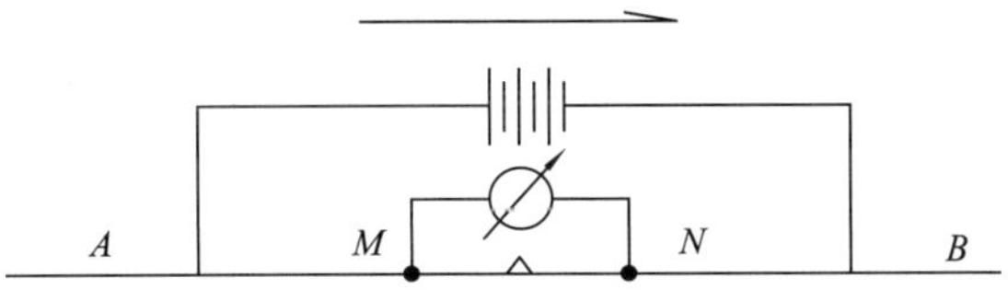

图3－3－11　对称剖面法电极装置示意图

根据场的叠加原理容易证明，对称四极剖面法的测量结果和相同极距联合剖面法的测量结果存在以下关系

$$\begin{aligned}\rho_s^{AB} &= (j_{MN}^{AB}/j_0^{AB})\cdot\rho_{MN} = [(j_{MN}^{A}+j_{MN}^{B})/(j_0^{A}+j_0^{B})]\cdot\rho_{MN}\\ &= [(j_{MN}^{A}+j_{MN}^{B})/2j_0^{A}]\cdot\rho_{MN} = \frac{1}{2}(\rho_s^{A}+\rho_s^{B})\end{aligned} \tag{3-3-10}$$

式（3－3－9）表明：对称剖面电阻率曲线等于相同极距联合剖面电阻率曲线的平均值。这样，无须专门去计算对称剖面法的理论曲线，只要取联合剖面 ρ_s^A 和 ρ_s^B 曲线的平均值便可得到相应地电断面上对称剖面的电阻率曲线，由图3－3－12可见，对称剖面曲线的异常幅度和分辨能力均不如联合剖面曲线。但由于对称四极装置不需要无穷远极、野外工作轻便、效率高。在水文及工程地质调查中多用于面积性的普查，探测基岩的起伏、构造破碎带及高阻岩脉等。在合适的条件下还可以圈定岩溶的分布范围及追索古河道等。

图3－3－13所示横穿古河道的一条剖面 ρ_s 曲线，当河道内的砂、砾石分布均匀时，ρ_s 曲线两翼的形态和古河道两岸的岩性分布有关，极大值一般对应于河床的中心位置。

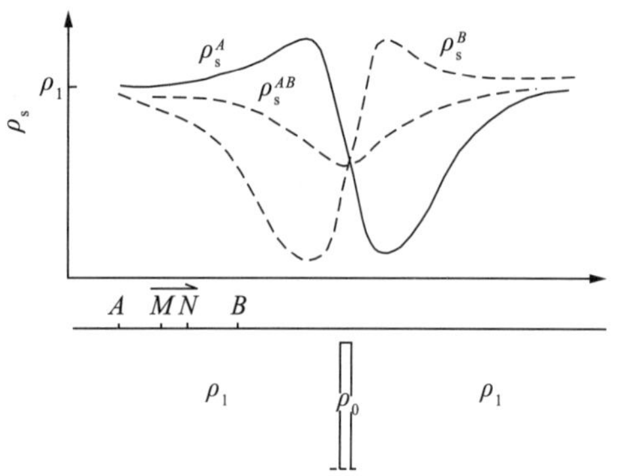

图3－3－12　对称四极剖面与联合剖面曲线的关系

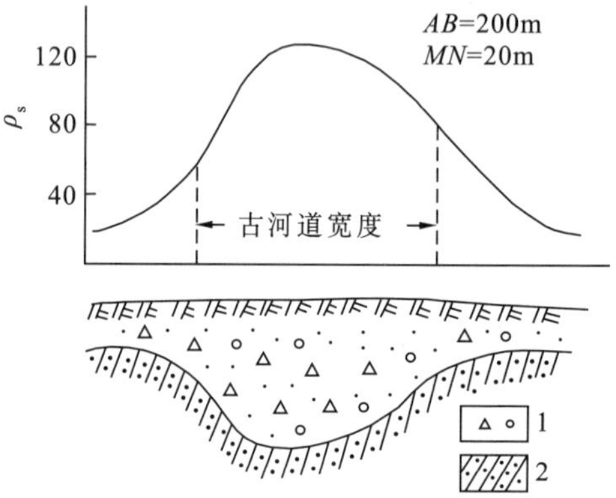

图3－3－13　横穿古河道的对称四极剖面 ρ_s 曲线

1—砂砾石；2—坚硬砂岩

图3－3－14利用对称四极剖面法在山谷边缘所进行的视电阻率测量结果。由图中可见，地层分布主要有松散沉积物、亚黏土、泥岩及石灰岩等。地层结构较复杂，由于松散沉积物的电阻率高于泥岩电阻率，极距 $AB=100\mathrm{m}$ 的对称四极测量结果主要反映这两种岩性的接触关系。在松散沉积物变厚的地段，ρ_s 曲线均出现了抬升。由此可见，当条件较好时对称剖面法在地质填图方面常可取得较好的地质效果。

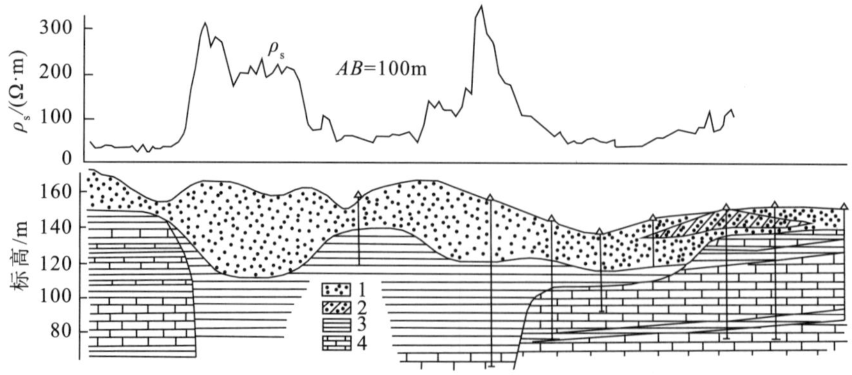

图3－3－14　利用对称四极剖面法探测山谷边缘的地层结构

1—松散沉积物；2—砂岩；3—泥岩；4—石灰岩

2. 中间梯度剖面法

中间梯度剖面法是电剖面法中常用的一种电极装置形式，其主要特点是供电极距很大，这样，在供电电极 AB 中部的 1/2 ~ 1/3 地段，电场呈均匀分布。我们就把测线选在 AB 中部，然后采用较小的测量极距 MN 来逐点观测 ΔU_{MN} 和 I 并按式（3－3－11）计算视电阻率

$$\rho_s = K\frac{\Delta U_{MN}}{I} \tag{3-3-11}$$

式中：K 为电极装置系数，一般可类似式（3－2－57）的装置计算公式来计算。由于中间梯度剖面法供电电极是固定的，因此当测量电极逐点移动时，装置系数将随之而变化。此外，由于 A、B 供电极距大，在 AB 连线的中部以及连线两侧 $\frac{1}{6}AB$ 范围内的电场均近似于均匀电场，因此，当 A、B 固定的情况下，可以在 AB 连线相邻的 $\frac{1}{6}AB$ 范围内进行中间梯度剖面法测量。这种一线两极、多线测量的方式，可以大大提高工作效率。

中间梯度剖面法主要用来寻找陡倾的高阻体，如石英脉、伟晶岩脉等。这是由于陡立高阻体对均匀电场有较强的畸变作用。

第四节　电 测 深 法

一、水平层状地电断面电测深曲线的类型及其特征

1. 电测深电极装置

在电测深法的实际工作中，我们通常采用对称四极装置，如图 3－4－1 所示。即供电电极 AB 和测量电极 MN 均对称于测点布设，每改变一次供电极距，便可按下式计算该极距的视电阻率，即

$$\rho_s = K\frac{\Delta U_{MN}}{I} \tag{3-4-1}$$

其中：

$$K = \pi\frac{AM \cdot AN}{MN} \tag{3-4-2}$$

式中：K 为电极装置系数。这样，每一测点的测量结果便可绘出一条电测深曲线。考虑到电测深的极距变化范围较大的特点，通常我们将该曲线绘在双对数坐标纸上，纵坐标表示视电阻率 ρ_s，横坐标表示极距 $AB/2$（图 3－4－1）。显然，该曲线反映了某一测点不同深度电性的变化情况。

在电法勘探中，我们通常将按电性不同所划分的地质断面称为地电断面。一般在研究和分析电测深曲线类型及其变化规律的基础上，结合地质资料便可初步了解地电断面的结构及其分布状况。一般认为，电测深法有利于解决具有电性差异，但产状近于水平的地质问题。但从大量实践结果来看，对于许多非水平产状的地质问题如断层、溶洞等，进行电测深工作后，也都在不同程度上解决了一定的地质问题。

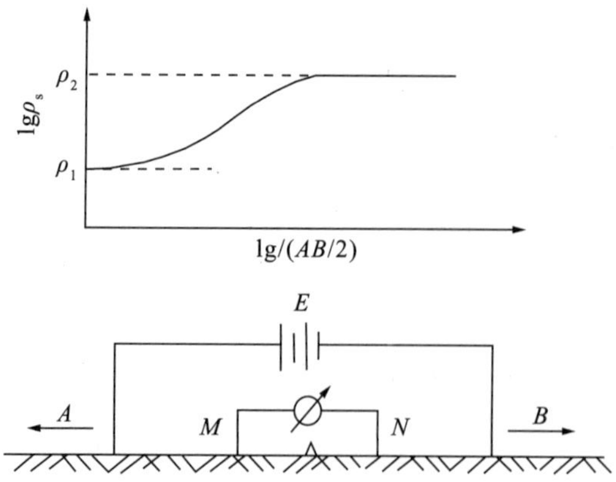

图 3－4－1　对称四极测深排列示意图

和电剖面法一样，电测深法也可以根据地质任务和施工条件的不同而采用不同的电极装置类型，不同的电极装置具有不同的勘探能力。在水文工程及环境地质调查中，除广泛采用对称四极测深外，还经常采用三极测深、环形测深及五极纵轴测深等。

2. 地电断面曲线类型

电测深曲线类型取决于地电断面中电性层的数目及其分布。此处，我们只讨论水平层状地电断面及其所构成的电测深曲线类型。

（1）二层电测深曲线类型

二层结构的地电断面是指：第一层的厚度为 h_1，电阻率为 ρ_1；第二层的电阻率为 ρ_2，其厚度较大，以致可以视为无限大。显然，二层地电断面按其电性关系可以分成两种曲线类型，如图 3－4－2 所示：一种是 $\mu_{12} = \dfrac{\rho_2}{\rho_1} > 1$ 的情况，我们称为 G 型曲线；另一种是 $\mu_{12} = \dfrac{\rho_2}{\rho_1} < 1$ 的情况，我们称为 D 型曲线。在 G 型曲线中，有一种经常遇到的特殊情况，即为 $\rho_2 \to \infty$时，电测深曲线尾支出现与横轴成 45°上升的渐近线。

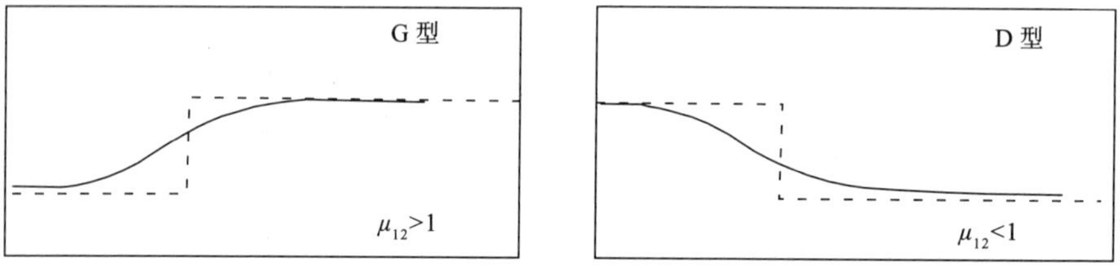

图 3－4－2　水平二层电测深曲线类型图

（2）三层电测深曲线类型

三层结构的地电断面共有 5 个参数，按电性层的组合关系可以分成 4 种曲线类型，其电阻率对应关系见表 3－4－1，电测深曲线类型见图 3－4－3。

表 3－4－1　三层电测深曲线类型及其电阻率关系

H 型	$\rho_1 > \rho_2 < \rho_3$	A 型	$\rho_1 < \rho_2 < \rho_3$
K 型	$\rho_1 < \rho_2 > \rho_3$	Q 型	$\rho_1 > \rho_2 > \rho_3$

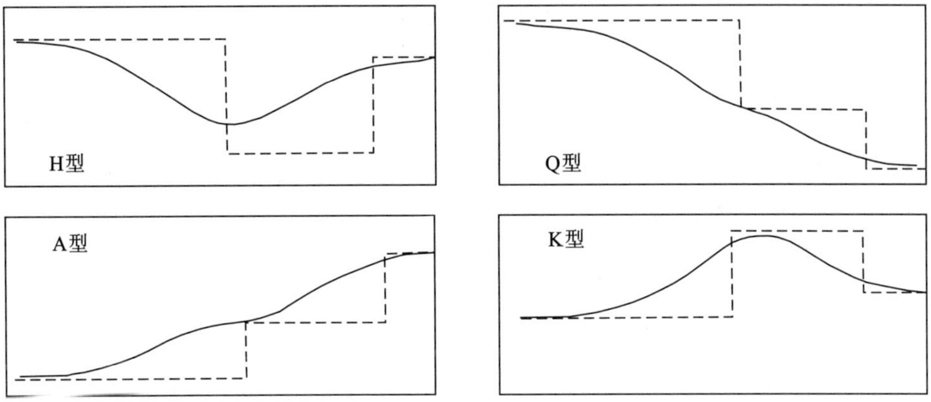

图 3－4－3　水平三层电测深曲线类型图

（3）四层电测深曲线类型

四层结构的地电断面按电性层的组合关系可以分成 8 种情况，我们分别将其称为：HA 型、HK 型、AA 型、AK 型、KH 型、KQ 型、QH 型、QQ 型，曲线形态及其电性关系见图 3－4－4。

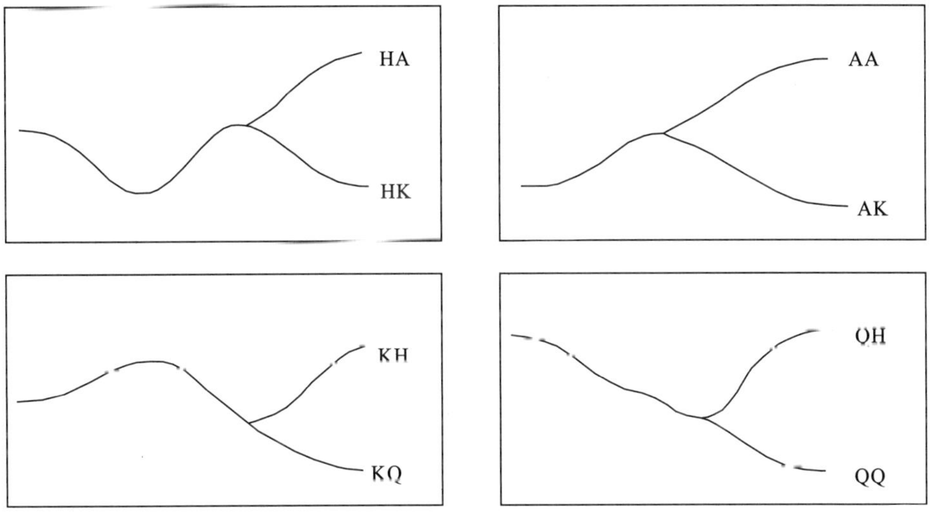

图 3－4－4　水平四层电测深曲线类型图

显然，四层曲线的命名是以三层曲线为基础的，第一个字母表示前三层（ρ_1、ρ_2、ρ_3）的电性组合关系；第二个字母则表示后三层（ρ_2、ρ_3、ρ_4）的电性组合关系。依此类推，五层及五层以上的地电断面，将需要用 3 个或 3 个以上的字母组合来表示，这里就不再逐一列出。

3. 电测深曲线的特征分析

（1）电测深曲线的首支

由于电阻率法的勘探深度随供电极距的大小而变化，所以不论几层地电断面，当 $\frac{AB}{2} < h_1$ 时，由供电电极所建立电场的有效作用范围仅限于 ρ_1 介质之中，由于 $j_{MN} = j_0$，

$\rho_{MN}=\rho_0$，故 $\rho_s=\rho_1$，即无论几层地电断面，当 $\frac{AB}{2}$ 值较小时，电测深曲线的首支均出现以 ρ_1 为渐近线的水平直线。

（2）电测深曲线的尾支

电测深曲线尾支的形态一般有两种情况，一种是出现水平渐近线的情况；一种是出现与横坐标成45°夹角的情况。

若水平地电断面中第 n 层的电阻率 ρ_n 值是有限的，则当 $\frac{AB}{2}=\sum_{i=1}^{n-1}h_i$ 时，ρ_s 曲线的尾支出现以 ρ_n 为渐近线的水平直线。下面，我们以二层断面为例来加以说明。

对于 ρ_2 有限时的二层断面，当 $\frac{AB}{2}=h_1$ 时，在 AB 电极的中部，电流线将近似于平行层面流动，根据场强切线分量连续的边界条件则有：$E_{1t}=E_{2t}$，或者写成 $j_1\cdot\rho_1=j_2\cdot\rho_2$。其次，由于 $\frac{AB}{2}=h_1$，绝大部分电流线将分布于 ρ_2 介质中，因此，我们可以把地下半空间看成是充满 ρ_2 介质的均匀情况，于是 $j_{MN}=j_0=j_2$。基于以上两点，从视电阻率的微分公式可以导出：

$$\rho_s=\frac{j_1\cdot\rho_1}{j_0}=\frac{j_2\cdot\rho_2}{j_0}=\rho_2 \qquad (3-4-3)$$

对于水平多层情况，也可以采用类似的方法来加以证明，这里不再赘述。

若水平地电断面中，第 n 层的电阻率 $\rho_n\to\infty$ 时，则当 $\frac{AB}{2}=\sum_{i=1}^{n-1}h_i$ 时，ρ_s 曲线的尾支将出现趋于45°的渐近线。下面，我们仍然以二层断面为例来加以说明。

由图3-4-5可见，当 $\rho_2\to\infty$ 时，电流线几乎全部在第一层中流动，而且由于 $\frac{AB}{2}=h_1$，所以在 MN 附近的电流线，实际是平行于地面流动的。这时，我们可以设想，全部电流必将穿过以 r_{AO} 为半径、高为 h_1 的圆柱体的表面，由于其侧面积为 $2\pi r_{AO}h_1$，所以 A 极在 MN 中点 O 的电流密度应为

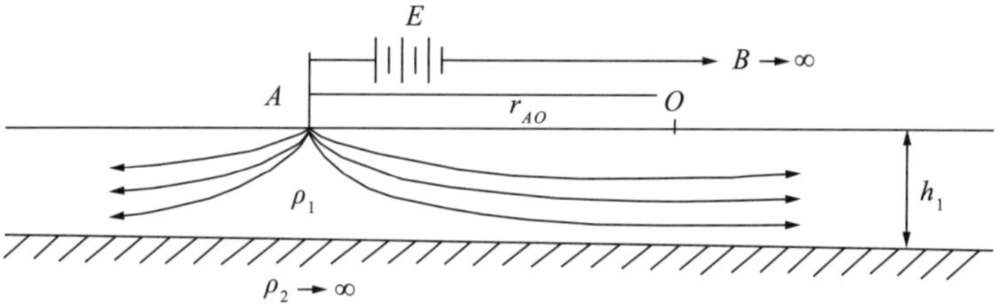

图3-4-5　$\rho_2\to\infty$ 时电流分布示意图

$$j_{MN}^{A}=\frac{I}{2\pi r_{AO}\cdot h_1} \qquad (3-4-4)$$

当同时考虑 A、B 的影响时，由于 $j_{MN}^{A}=j_{MN}^{B}$，即

$$j_{MN}^{AB}=\frac{I}{\pi r_{AO}\cdot h_1} \qquad (3-4-5)$$

由于

$$j_0 = \frac{I}{\pi r_{AO}^2} \tag{3-4-6}$$

所以

$$\rho_s^{AB} = \frac{\dot{j}_{MN}^{AB}}{\dot{j}_0^{AB}} \cdot \rho_1 \tag{3-4-7}$$

将式（3－4－5）、式（3－4－6）代入式（3－4－7），则

$$\rho_s^{AB} = \frac{r_{AO}}{S_1} \tag{3-4-8}$$

式中：$S_1 = \frac{h_1}{\rho_1}$为第一层的纵向电导，对于某一具体的二层断面来说，S_1可视为常数。若将式（3－4－8）绘于双对数坐标系中，即

$$\lg \rho_s = \lg r_{AO} - \lg S_1 \tag{3-4-9}$$

显然，式（3－4－9）为一个斜率为1，即$\tan\alpha = 1$（$\alpha = 45°$）的线性方程，这条曲线在横坐标上（$\rho_s = 1$、$\lg\rho_s = 0$）的截距为S_1。也就是说，当$\rho_2 \to \infty$时，水平二层断面ρ_s曲线的尾支将出现与横坐标呈45°上升的渐近线。

4. 电测深曲线的等价现象

在电测深的实际工作中，由于观测误差的实际存在，经常会遇到地电断面参数不同而视电阻率曲线却完全（或在一定的误差范围内）相同的现象，我们把这种现象称为电测深曲线的等价现象。对于三层结构地电断面，存在S_2和T_2等价现象，这些现象的存在可以做如下解释：

（1）H型（或A型）断面的S_2等价现象

当ρ_1、h_1、ρ_3一定，而$v_2 = \frac{h_2}{h_1}$较小的情况下，ρ_s曲线中段极小值不明显，只要保持中间层纵向电导$S_2 = \frac{h_2}{\rho_2}$不变，则ρ_s电测深曲线的形状也不变。以上现象的物理解释如下：对于H型地电断面，由于第二层电阻率较小，电流线折射的结果将平行层面流动，这时，影响电场分布的参数是纵向电导S_2。当地电断面中其他参数不变，只是h_2、ρ_2变化但保持S_2不变的情况下，地下电流的分布便不会改变，因而，地表的电场分布也很少变化，视电阻率曲线相同或其差异在容许误差范围之内（图3－4－6）。

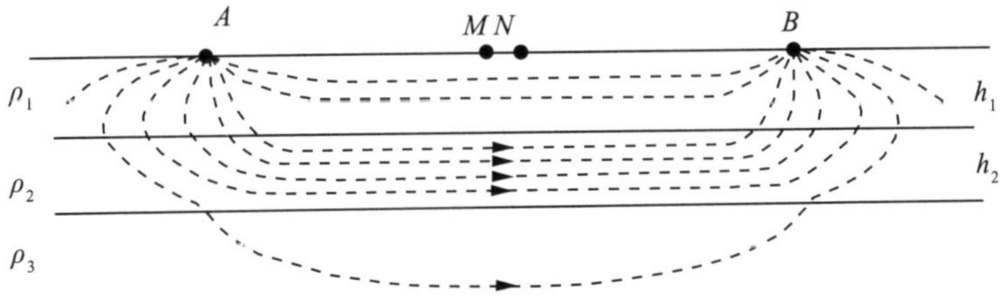

图3－4－6　三层断面S_2等价示意图

对于A型三层结构地电断面，第二层中的电流也近似于平行层面流动，当v_2较小时，同样遵循S_2等价原则。

（2）K 型（或 Q 型）断面的 T_2 等价现象

当 ρ_1、h_1、ρ_3 一定，而 $v_2 = \frac{h_2}{h_1}$ 较小的情况下，ρ_s 曲线的极大值不明显，只要保持中间层横向电阻 $T_2 = h_2 \cdot \rho_2$ 不变，则 ρ_s 曲线的形状也不变。其物理解释如下：对于 K 型地电断面，由于第二层电阻率较高，电流线折射的结果将垂直层面流动，这时，影响电场分布的参数是横向电阻 T_2。当地电断面中其他层参数不变，只是 h_2、ρ_2 变化但保持 T_2 不变的情况下，地下电流的分布便不会改变，因而地表的电场分布也不变，视电阻率曲线相同或其差异在允许误差范围之内（图 3－4－7）。

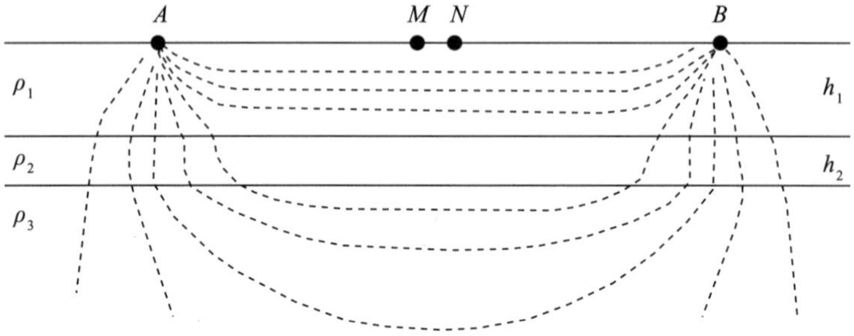

图 3－4－7　三层断面 T_2 等价示意图

对于 Q 型三层断面，第二层中的电流也近似于垂直层面流动，当 ν_2 较小时，同样遵循 T_2 等价原则。

综上所述，由于电测深曲线存在等价现象，所以在三层曲线解释时，为了获得 h_2 的单值解，就必须事先知道中间层电阻率 ρ_2。

二、电测深的资料解释

电测深的资料解释一般包括定性解释和定量解释两个阶段，定性解释可以给出测区内电性层的分布及其与地质构造的关系；定量解释则可获得电性的埋深及厚度。两者的正确运用和紧密结合方能作出符合客观实际的地质结论。电测深的资料解释也和其他物探资料解释一样，必须遵循从已知到未知、从易到难、反复实践、反复认识的原则。

1. 电阻率参数

测区电性参数的研究是电测深资料解释的基础，应贯穿于电测深工作的始终，准确而客观的参数资料会给测深资料的解释带来很大方便。除了收集前人的资料外，一般均应在野外工作中布置一定的电性参数测定工作。电性参数测定既可在野外岩石露头上进行小极距的原位测试，也可在室内进行标本测定。当测区内有已知钻孔资料时，最好进行孔旁测深。当然，在有条件的情况下，采用横向测井方法则能较准确地求出测区内各电性层的电阻率值。由于电阻率的真实性直接影响着电测深曲线解释的准确程度，因此，当获得更可靠的电性资料后，一般应对测深曲线进行重复解释。

2. 电测深资料的定性解释

电测深资料的定性解释是获得测区内地质、地电结构的重要阶段，它可以提供区内电性层的分布、地电断面和地质断面的关系以及测区地质构造的初步概念。电测深曲线的定性解释主要是根据反映测区电性变化的各种定性图件来进行的。

（1）电测深曲线类型图

电测深曲线类型图一般是在相应比例尺的平面图或剖面图上标出测点的位置，然后在测点套用小比例尺绘出该点的电测深曲线或标出该点曲线类型的符号。由于电测深曲线类型取决于地电断面的性质，因此通过曲线类型的分布与变化便可了解地下岩层的电性结构。通常曲线类型发生变化的原因一般是：某岩层的缺失或新岩层的出现，或者地质构造的变动所造成的岩层层位的变化等。图3－4－8为电测深曲线类型图。由图中可见，曲线类型的变化，同地质断面中地层、岩性的变化及构造的存在有着很好的对应关系。

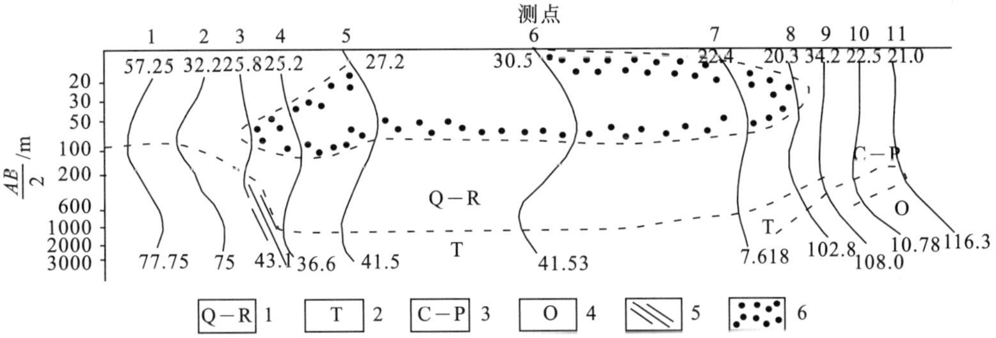

图3－4－8　电测深ρ_s（Ω·m）曲线类型剖面图（河南邙山）

1—第三系（古近—新近系）、第四系；2—三叠系；3—石炭系—二叠系煤层；4—奥陶系灰岩；5—断层；6—河卵石

（2）等视电阻率断面图

等视电阻率断面图（ρ_s等值线断面图）是电测深定性解释图件中最重要的一种，其绘制方法：首先在相应比例尺的实际地形剖面上标出测点的位置，然后在测点下方按对数比例尺或算术比例尺得出相应的电极距，并在这些电极距旁标上所测电阻率值，最后按一定的电阻率间隔勾绘ρ_s等值线。从这种图上可以看出基岩起伏、构造变化以及不同深度电性层沿测线方向的变化。顺便指出，当采用对数比例尺时，断面等值线图的下部曲线主要反映较深处的地质情况，其上部则主要反映较浅处的情况。

图3－4－9是辽河安山岩地区的电测深等ρ_s断面图。区内除在河谷中分布有较厚（4～12m）的松散沉积物外，燕山期花岗岩及侏罗纪安山岩广布全区。在安山岩内有一条北东东向断层通过，从电测深等ρ_s断面图上可见，在90～115号点间出现向南倾斜的低阻异常带，其电阻率较低，反映了向南倾斜的断裂带的存在。断裂带内主要由糜棱岩、断层泥等物质组成，它们像黏土一样透水性弱、富水性差，不是赋存地下水的场所。在断裂带两侧，即电阻率由低向高过渡的断裂影响带内，极易产生各种张扭性裂隙，形成透水性好，富水性强的网格状裂隙发育带。经钻探验证，0～6m为坡积黏土夹碎石；6～20m为凝灰质安山岩；20～85m为玄武质安山岩，其裂隙发育，富含地下水。由此可见，等ρ_s断面图提供了关于地电结构的丰富资料。

（3）视电阻率剖面图和平面等值线图

电测深法在测区内的每一个测点上都进行了多种极距的视电阻率测量，就其中的一条测线来说，可以把上述资料看成是多极距的电剖面法测量结果。因此，根据解释的需要可

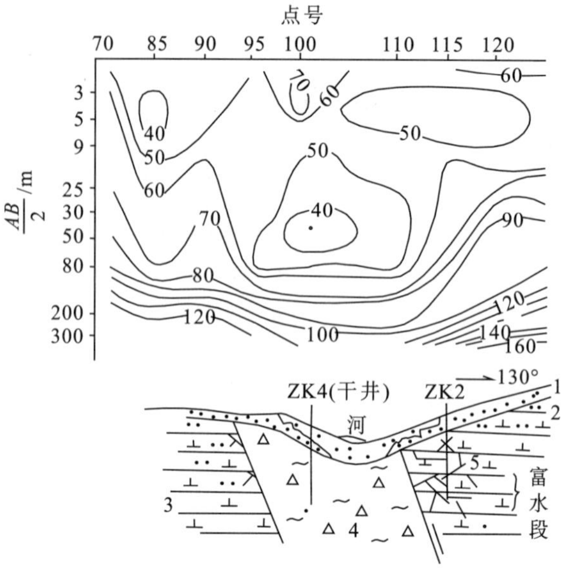

图 3 -4 -9　辽河 15 线电测深 ρ_s（Ω·m）断面图

1—第四系；2—凝灰质安山岩；3—玄武质安山岩；4—压性构造岩带；5—断层旁张扭性裂隙带

以把某些极距的测量结果整理成视电阻率剖面图或平面等值线图。显然，由测深资料所绘制的上述图件应当与相同极距的对称四极剖面法的测量结果相同，或者说它就是复合四极剖面图或平面图。所以，就这一点来说，电测深法较电剖面法提供了更为丰富的关于地层结构的实际资料。

图 3 -4 -10 为某岩溶区 $AB/2=100$m 的 ρ_s 等值线平面图，由图中可见，地表的岩溶塌陷部分正好位于低阻等值线的圈闭范围内。据此可以推测，深部岩溶发育范围较地表塌陷区大，而且深部溶洞的地表投影基本与 ρ_s 低阻等值线形状一致。

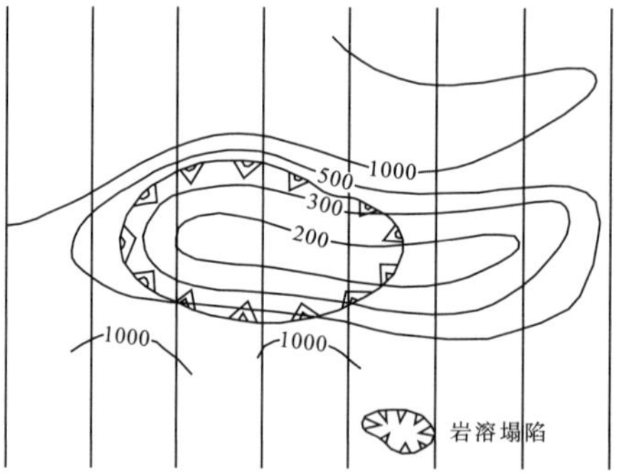

图 3 -4 -10　某岩溶区的 ρ_s（Ω·m）等值线平面图

（4）纵向电导 S 图

除以上几种定性图件外，根据测区的实际情况和解释的需要，还可以绘制 S 平面图及剖面图。当测区有分布广泛的高阻基岩标准层时，电测深曲线尾支将出现 45°渐近线，由此便可求出纵向电导 S 值。根据各点的 S 值，勾绘等 S 平面图或 S 剖面图。当上覆岩层的电阻率在水平方向较为稳定时，纵向电导 S 值的大小便反映出基岩顶面埋深的变化。所以在这一特定的条件下，电测深的测量结果能比较简捷与准确地解决基岩的埋深及其变化（图3－4－11）。

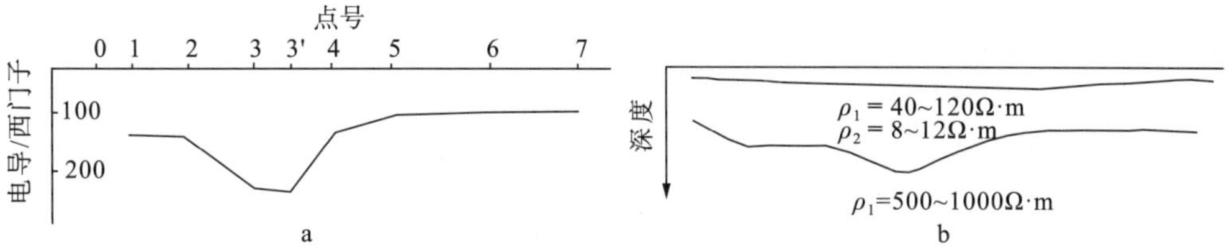

图3－4－11　纵向电导S图

a—电导剖面图；b—地电断面图

三、电测深曲线的定量解释

对某一工区的电测深资料经过上述定性分析之后，关于区内地层结构及其与曲线类型的关系已有了初步了解。在此基础上，如果同时取得了中间层参数ρ_2的话，便可开始对测深曲线进行定量解释。定量解释的主要目的是确定区内各电性层的埋深、厚度及其电阻率。显然，对于水平层状地电断面且电性层数有限的情况，定量解释才可能取得比较满意的结果。在地电结构复杂且曲线受到严重畸变的地区，一般只作定性解释，定量解释的结果只有参考意义。

电测深曲线的定量解释方法主要有：基于理论曲线与实测曲线进行对比的量板法；数值正演与反演解释方法；以及在某些特定条件下所采用的各种经验方法等。应该指出，定量解释的结果除了和所采用的方法有关外，还和中间层参数的选取、工区地质资料的丰富程度等因素有关。

当对工区内各条剖面的电测深曲线进行定量解释后，便可给出相应的地电断面图，如果对地电断面图中各电性层能够赋予相应的地质内容，那么，便可进而获得推断的地质剖面图。对比分析各条剖面图的变化，便可得到整个工区地层的分布及构造的特征。目前定量的解释方法一般采用计算机的数字正演拟合和反演方法。

电测深曲线的反演是根据实测曲线给以数值模型，以模型为基础进行其电阻率测深曲线计算，将计算的结果与实测曲线进行拟合，根据拟合的误差修改模型，再重复上述过程，直到根据模型的计算结果与实测结果达到满足的拟合精度为止。此时的模型结果认为是反演的地下地电结果。

四、其他类型的电测深法

1. 三极测深法

在水文及工程地质调查中，电测深是一种经常被采用的方法，然而对称四极测深有时会遇到因地表障碍物（如河流、冲沟、峡谷等）而无法加大极距的情况，这时便可采用三极测深法。三极测深法即只通过加大AO极距来达到测深的目的，另一供电电极B被置于无穷远。

2. 环形测深法

环形测深是在地表某点利用对称四极装置所进行的多方位测量，相邻方位之间的夹角一般为45°。在地下岩层具有各向异性的情况下，根据不同方位的测量结果，再综合利用地质及其他物探资料便可确定覆盖层下地层的层理、裂隙及破碎带的走向。

环形测深的观测结果用ρ_s极形图来表示，如图3－4－12。该图的做法是：在图纸上先画出4条通过测深点的表示布极方位的直线，再按一定的比例尺将某一极距（$AB/2$）在各方位上测到的ρ_s值标在对应的方位线上，然后用折线将不同方位ρ_s值依次连接成闭合曲线。对所有极距不同方位的ρ_s值均给出闭合曲线，便获得了由一系列闭合曲线所组成的极形图。

3. 五极纵轴测深法

目前常用的对称四极测深主要是用来解决水平层状结构的有关地质问题。然而在水文及工程地质调查中，经常会遇到一些非层状地质体如溶洞等的探测，五极纵轴测深法在一定的地电条件下，对非层状地质体有较好的勘探效果，与其他电阻率测深法相比，五极纵轴测深具有分辨力强、曲线直观、解释简单等优点。

五极纵轴测深的电极装置形式如图3－4－13所示，供电电极$A(+I)$置于地表测深点处，以A设为直角坐标系原点，在A点两侧分别与其相距为L处设供电电极$B_1(-I/2)$及$B_2(-I/2)$。当地下为均匀、各向同性介质时，地表沿纵轴（Y）方向上某点M的电位表达式为

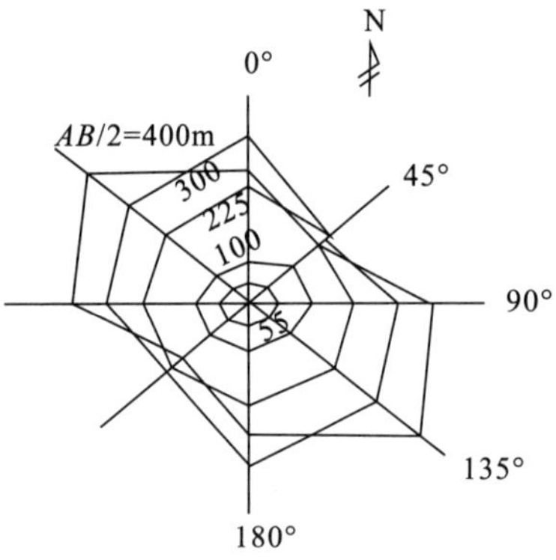

图3－4－12　环形测深极形图

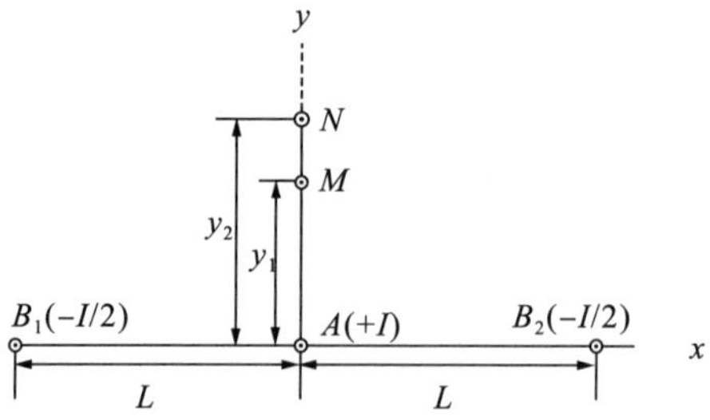

图3－4－13　五极纵轴测深的电极排列示意图

$$U_M = \frac{I\rho}{2\pi}\left(\frac{1}{R_M^A} - \frac{1}{\sqrt{L^2 + (R_M^A)^2}}\right) \tag{3-4-10}$$

同理

$$U_N = \frac{I\rho}{2\pi}\left(\frac{1}{R_N^A} - \frac{1}{\sqrt{L^2 + (R_N^A)^2}}\right) \tag{3-4-11}$$

式中：各量如图4－13示。这样可以得到MN方向的电阻率剖面图。

第四章　高密度电阻率法

高密度电阻率法（Electrical Resistivity Imaging，ERI）起源于20世纪70年代末期的阵列电法探测思想，它的最初模式是由英国学者Johansson博士设计的电测深系统。在初期阶段，电法研究中电极排列方式主要是微分、偶极、温纳3种类型，后来为适应山地工程，在设计和技术实施上采用了先进的大规模集成电路和自动控制理论。在80年代中期，日本用电极转换板在野外就完成了高密度电阻率的数据采集，但囿于当时的技术和仪器，人们并没有认识到高密度电阻率法的优越性。90年代后，高密度电阻率法的优点随着计算机技术的发展和普及才被人们慢慢认识。然后再经过地质学者们多年的研究与发展，已经由以开始的微分、偶极、温纳3种排列方式渐渐发展到现在的施伦贝格、联剖和环形二极等十几种，使得高密度电阻率法勘探能力得到很大程度的提高，效率也跟着大大提升。随着仪器制造工业技术的提高和电子技术、计算机软硬件技术的快速发展，高密度电阻率法在各个研究领域有了广泛应用。

高密度电阻率法实际上是将电剖面方法和电测方法深结合起来的一种阵列电阻率探测方法。野外测量时只需将全部电极（几十至上百根）置于测点上，利用程控电极转换开关和电测仪便可实现数据的采集。高密度电阻率勘探技术的运用与发展，使电法勘探的智能化程度大大向前迈进了一步。高密度电阻率法相对于常规电阻率法而言，它具有以下特点：

1）电极布设是一次完成的，这不仅减少了因电极设置而引起的故障和干扰，而且为野外数据的快速和自动测量奠定了基础。

2）能有效地进行多种电极排列方式的扫描测量，可以获得较丰富的关于地电断面结构特征的地质信息。

3）野外数据采集实现了自动化或半自动化，不仅采集速度快，而且避免了由于手工操作所出现的错误。

4）对探测结果进行预处理并显示剖面曲线形态，结果直观。

5）高密度电阻率法成本低、效率高，信息丰富，解释方便，探测能力显著提高。

第一节　高密度电阻率法的基本原理及系统组构

一、基本原理

1. 基本方程

高密度电阻率法仍然是以岩土体导电性差异为基础，研究在施加电场作用下地中传导电流的分布规律，在求解简单地电条件的电场分布时，通常采取解析法，即根据给定的边界条件解以下偏微分方程

$$\nabla^2 U = \frac{1}{\sigma}\delta(x - x_0)\delta(y - y_0)\delta(z - z_0) \tag{4-1-1}$$

式中：x_0、y_0、z_0 为源点坐标，x、y、z 为场点坐标。当只考虑无源空间时，式（4－1－1）变为拉氏方程

$$\nabla^2 U = 0 \tag{4-1-2}$$

求解式（4－1－2），实际上就是要寻找一个和该方程所描述的物理过程诸因素有关的场函数。解析法能够计算的地电模型是非常有限的。因此，在研究复杂地电模型的电场分布时，主要还是采用了各种数值模拟方法，如有限元法、有限差分法、面积分方程法。

2. 电极系特点及探测效果

高密度电阻率法的探测中，探测装置很多，而且其探测的能力和探测效果不同。图 4－1－1 为高密度电阻率法中常用的 10 种电极装置的示意图。这 10 种装置分别为二极装置（Pole－Pole，PP）、三极（单极－偶极）装置（Pole－Dipole，PD）、半温纳装置（Half－Wenner，HW）、温纳装置（Wenner－α，WN）、施伦贝尔装置（Schlumberger，SC）、偶

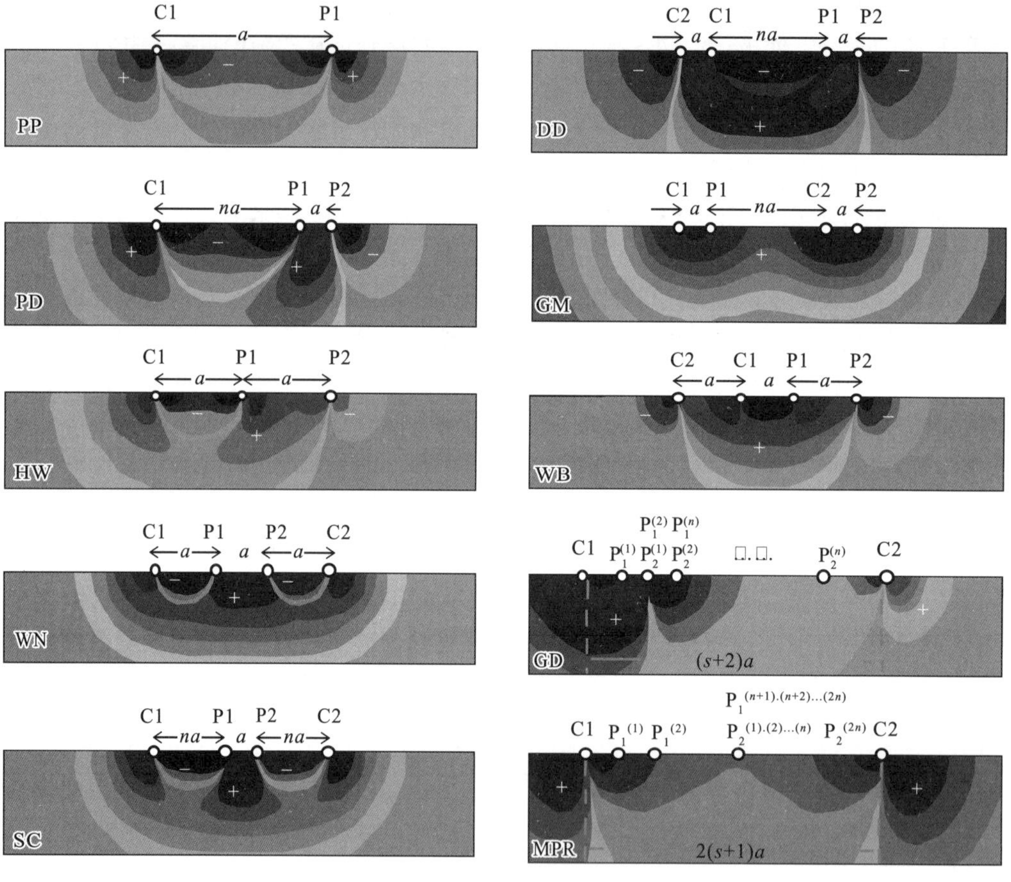

图 4－1－1　二维电阻率测量电极装置及其敏感度示意图

（据 Dahlin et al.，2004）

C1 和 C2 分别是正、负电流电极，P1 和 P2 是两个电势电极，a、n 和 s 是装置参数。在多电极布设中它们控制了电极距和装置的最大隔离系数，对于移动中梯装置和中点电势参考测量装置敏感性模型仅是显示的电势电极组合的一个例子

极－偶极装置（Dipole－Dipole，DD）、温纳－β装置（Wenner－β，WB）、温纳－γ装置（Wenner－γ，GM）、移动中梯装置（Multiple or Moving Gradient Array，GD）和中点电势参考测量装置（Midpoint－Potential－Referred Measurement，MPR），图中等值线是它们的敏感度。从图可见二极装置最简单，其他装置都可利用二极装置进行线性组合而获得，但其缺点是要有两个无穷远极，这给野外工作带来了困难。另外，无穷远极的增设，还给测量数据带来干扰。半温纳装置是三极装置的一个特例，即 $n=1$ 时，三极装置就变为半温纳装置。而温纳－β装置又是偶极－偶极装置的一个特例，温纳装置是施伦贝尔装置的一个特例。

3. 装置比较

通常情况下，在高密度电阻率测量中极距 a 越大或隔离系数 n 越大，探测深度越大。极距 a 越小或隔离系数 n 越小，具有更好的水平分辨率和较浅的探测深度。上述的10种装置其探测能力和解决问题的能力具有一定的差异，我们做如下的简述，供读者应用时参考。

（1）单极－单极装置（Pole－Pole，PP）

它是简单的装置，易于自动采集数据，采用互易（交换电流和电势电极测量）方法在现场容易检查数据质量，不过要设置两个无穷远极，易受场点影响，限制了其应用。其测量数据信噪比与其他装置相比属中等，由于具有两个无穷远极，大地电流将对测量形成干扰，成像分辨率最低。

（2）三极装置（Pole－Dipole，PD）和半温纳装置（Half－Wenner，HW）

这两种装置只具有中等的异常效应和相对低的信噪比，但探测结果分辨率却能比PP、SC和WN更好。HW相比普通PD而言，可以获得较好的信噪比，但空间分辨能力稍微降低，这是由于通过增加电位电极距离加强了信号强度，有效地减少了噪声污染。这两种装置采用一个无穷远极限制了其应用。

（3）温纳装置（Weneer－α，WN）和施伦贝尔装置（Schlumberger，SC）

由于它们的电场分布和测量方式的相似性，这两种装置拥有类似的探测能力。与其他装置相比，它们的主要长处在于确定深度准确。作为SC的特例，WN一般噪声污染小，并且也优于PD、HW、DD和WB（除了在窄岩墙情况下）。但是，WN的空间分辨率比PD、HW、SC和DD等的分辨率差，而SC，尽管信噪比相对降低，却可以提供更好的成像分辨率。WN和SC在采用互易（交换电流和电位电极测量）评价数据质量时，与正常装置相比，都倾向于采集更多的噪声。对于SC在高密度电阻率法的应用，这也是一个限制因素，因为在使用高密度电阻率法时，一个互易装置将是必需的。

（4）偶极－偶极装置（Dipole－Dipole，DD）和温纳－β装置（Wenner－β，WB）

一般地，DD与其他装置相比，具有较强的异常响应，但噪声相对较大。因此，与WB、WN和GM相比，测量结果信噪比较低。但都是对称电极装置，易于开展正常和互易测量，有利于质量控制。DD探测结果分辨率可与PD的结果相当，优于其他装置，特别是在圈定垂直和倾斜结构方面具有较高的分辨率。WB是DD的一个特例，与DD相比具有较高的信噪比，但空间分辨率较低。

（5）温纳－γ装置（Wenner－γ，GM）

这种装置的最大优点是成像测量时噪声污染最低，但是它的异常效应和信噪比并不是一致的高，并且它的空间分辨率不如其他装置好。

（6）移动中梯装置（Multiple or Moving Grdient Array，GD）和中点电势参考测量装置（Midpoint - Potential - Referred Measurement，MPR）

这两种装置都适于高密度电阻率法数据采集。数值实验显示 GD 扫描测量能产生与 PD、DD 和 SC 相当的图像。它能给出好分辨率的图像，MPR 具有比 GD 高的信噪比，但是，某种程度上空间分辨率较低。当采用高密度电阻率法记录仪器，MPR 的分辨率与 WN 的可对比，可以更有效地获得数据。

对于高密度电阻率法记录，GD 是理想的，因为它较低的噪声敏感性对于单道数据获得系统是首选。MPR 可能也是高密度电阻率法记录装置的一个优选，但是它的分辨率不如 GD。对于一次特定的测量，最终装置的选择取决于场地状况、野外后勤保障和测量的目的。WN、WB 和 GM 具有好的测量质量，即相对高的异常效应、高的信噪比和低的噪声污染，但是由于这些装置有限的分辨能力并不总是产生最高分辨率的图像。

4. 视参数及其特点

（1）视电阻率参数

根据上述三电位电极系的概念，显然视电阻率参数及其计算公式依次为：$\rho_s^\alpha = 2\pi a \frac{\Delta U^\alpha}{I}$；$\rho_s^\beta = 6\pi a \frac{\Delta U^\beta}{I}$；$\rho_s^\gamma = 3\pi a \frac{\Delta U^\gamma}{I}$。式中：$a$ 为三电位电极系的电极距。正如上述，当点距为 x 时，$a = n \cdot x$，$n = 1, 2, \cdots$。显然，由于一条剖面地表测点总数是固定的，因此，当极距扩大时，反映不同勘探深度的测点数将依次减少。我们把三电位电极系的测量结果置于测点下方深度为 a 的点位上，于是，整条剖面的测量结果便可以表示成一种倒三角形的二维断面的电性分布，见图 4 - 1 - 2。

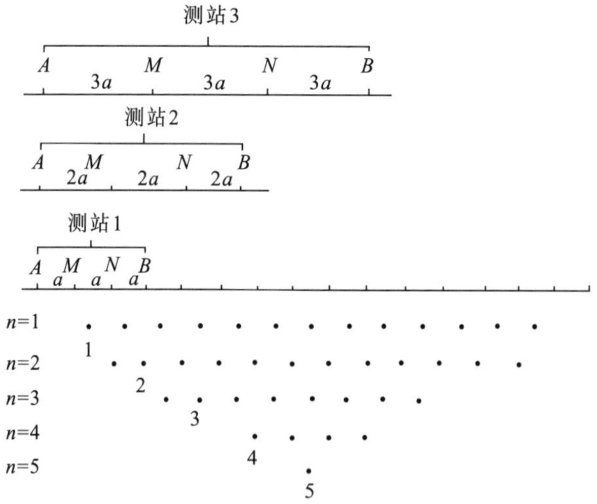

图 4 - 1 - 2　高密度电阻率法测点分布示意图

对于温纳四极排列，也可增设无穷远极，从而增加联合三极测深的测量方式，相应的视电阻率参数的计算公式为：$\rho_s^A = 4\pi a \frac{\Delta U^A}{I}$；$\rho_s^B = 4\pi a \frac{\Delta U^B}{I}$。联合三极测深的测量结果，既可用于视电阻率参数的图示，也可用于视比值参数的图示。

(2) 视比值参数

高密度电阻率法的野外观测结果除了可以绘制相应电极排列的视电阻率断面图外，根据需要还可以绘制两种视比值参数图。与直流电阻率剖面法类似，其中一类比值参数是以联合三极测深的观测结果为基础，其表达式可以写成

$$\lambda(i,i+1) = \frac{\rho_s^A(i)}{\rho_s^B(i)} \Big/ \frac{\rho_s^A(i+1)}{\rho_s^B(i+1)} \qquad (4-1-3)$$

式中：$\rho_s(i)$ 及 $\rho_s(i+1)$ 分别表示剖面上相邻两点的视电阻率值，我们把计算结果示于第 i 点与 $i+1$ 点之间。若令 $F^A(i) = \frac{\rho_s^A(i)}{\rho_s^B(i)}, F^A(i+1) = \frac{\rho_s^A(i+1)}{\rho_s^B(i+1)}$，则

$$\lg\lambda(i,i+1) = \lg F^A(i) - \lg F^A(i+1) \qquad (4-1-4)$$

而 $\lg F^A$ 曲线的差商为 $\frac{1}{\Delta x}[\lg F^A(x_i) - \lg F^A(x_i+\Delta x)]$，令 $\Delta x=1$，则 $\lg\lambda$ 即为 $\lg F^A$ 曲线的差商，或者说 $\lg\lambda$ 描述了歧离带曲线沿剖面水平方向的变化率。图 4-1-3 为表征比值参数 λ 在反映地电结构能力方面所做的模拟实验，视电阻率断面图只反映了基底的起伏变化，而 λ 比值断面图却同时反映了起伏基岩中的低阻构造。

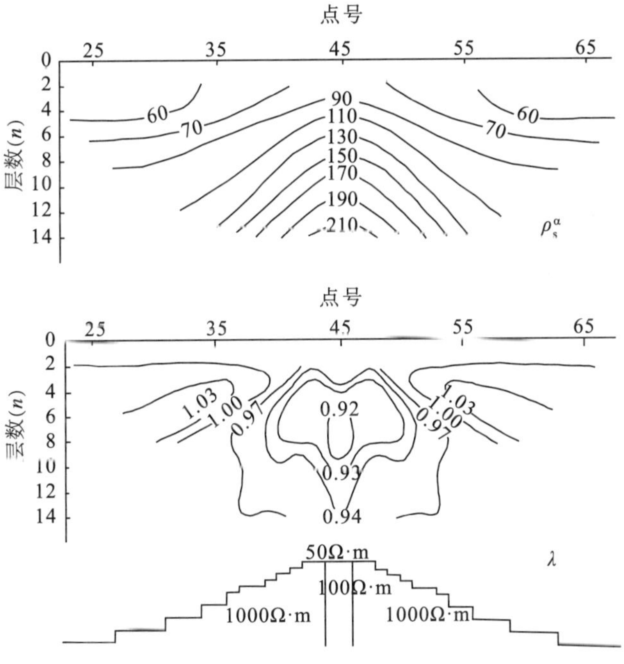

图 4-1-3 模型上方视电阻率 ρ_s^α 及 λ 比值参数断面等值线图

另一类比值参数是直接利用三电位电极系的测量结果并将其加以组合而构成的，考虑到三电位电极系中 3 种视参数的分布规律，我们选择并设计了以偶极和微分两种电极排列的测量结果为基础的一类比值参数，该比值参数的计算公式如下：

$$T(i) = \frac{\rho_s^\beta(i)}{\rho_s^\gamma(i)} \qquad (4-1-5)$$

式中：ρ_s^β 和 ρ_s^γ 分别为 β 和 γ 电极排列的视电阻率值。由于这两种电极排列在同一地电体上

所获视参数总是具有相反的变化规律，因此用该参数所绘的比值断面图在反映地电结构的分布形态方面远较相应排列的视电阻率断面图要清晰和明确得多。

图4－1－4是对所谓地下石林模型所进行的正演模拟结果，模型的电性分布已如图示。其中温纳四极排列的ρ_s^α拟断面图几乎没有反映，而由偶极和微分排列的ρ_s^β和ρ_s^γ所构成的T比值断面图则清楚地反映了上述模型的地电分布。

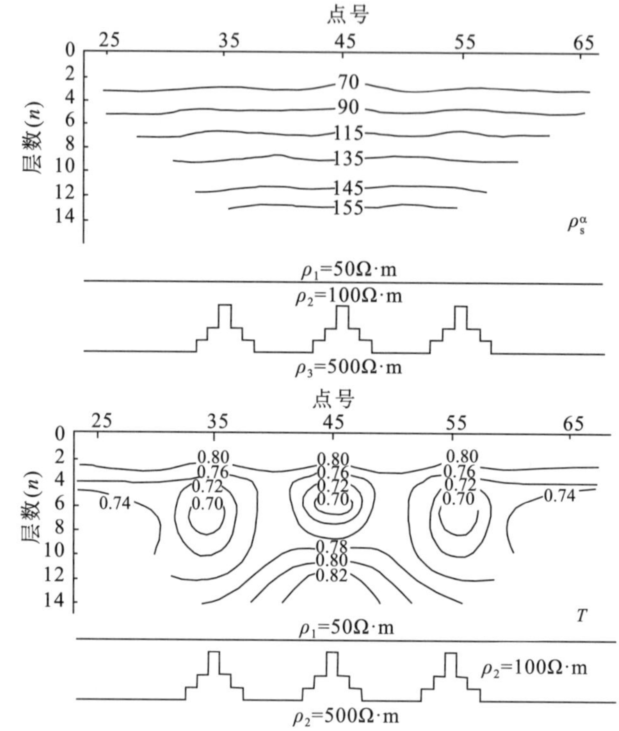

图4－1－4　模型上方视电阻率ρ_s^α及T比值参数断面等值线图

二、系统组构

高密度电阻率勘探系统一般是由两部分组成的，即野外数据采集系统和资料实时处理系统。目前国内仪器主要还是按分离方式设计的，为了真正达到资料的实时处理，有单位已开始研制以便携微机为基础的高密度电阻率测量系统。

主机、多路电极转换器、电极系组成了高密度电阻率法数据采集系统。电缆操控电机连接多路电极转换器显示各电极供电与测量状态。主机能发出工作指令，安排电极的供电和接收数据的测量与存储，其通过通信电缆、供电电缆向多路电极转换器实现。

高密度电阻率法勘探有多种形式电法野外操作设备，按照现场实际情况确定总电极数与点距。不同扫描测量方式数据采集的视电阻率断面结果不同，固定断面是倒梯形，变断面连续滚动是平行四边形。

高密度电法仪随技术更新性能更优越和稳定，其使用了性能加强的嵌入式工控机，使用可存储量更大的笔记本电脑硬盘，而且采用便于野外施工的可视窗化、嵌入式多种工作模式转换的实时控制与处理软件，一体化计算机与电测仪，更为便携。新一代仪器多采用分布式设计，相于集中式而言，分布式设计指在电极上实现电极转换效果（图4－1－5）。在多芯电缆上连接分布式智能电极器，随机分配地址，实现在各种位置测量。

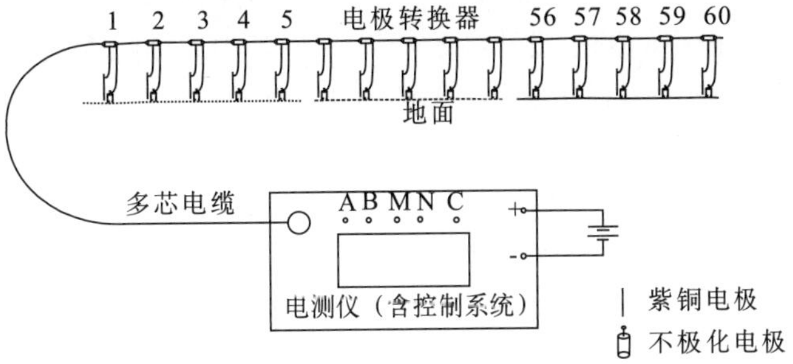

图4－1－5 高密度电阻率法测量系统结构示意图（分布式）

野外数据采集部分包括电极系、程控式电极转换开关和微机工程电测仪。现场测量时，只需将全部电极（60，120，180，…）布设在一定间隔的测点上，然后用多芯电缆将其连接到程控式电极转换开关。程控式电极转换开关是一种由单片机控制的开关组，按设定程序实现电极的自动和有序换接。测量信号由转换开关送入微机工程电测仪并将测量结果依次存入随机存储器。

当将微机工程电测仪中存储的野外数据与PC机通讯后，便可根据需要按给定程序对原始资料进行处理并将处理结果以某种图件方式输出。

第二节 野外工作方法技术

一、高密度电阻率法的野外工作

1. 测区的选择和测网的布设

（1）测区的选择

地球物理工作的测区一般是由地质任务确定的，测区选择所应遵循的原则大体上都是一样的。

（2）测网的布设

测网布设除了建立测区的坐标系统外，还包含了技术人员试图以多大的网度和怎样的工作模式去解决所给出的工程地质问题。对于高密度电阻率法而言，野外数据采集方式主要有两种，一种是地表剖面数据采集方式；一种是井中电阻率成像的数据采集方式，其又包含单孔和跨孔方式两种。两种方式的应用效果，特别是后一种方式和测网的布设关系密切。

2. 装置的选择和极距的确定

（1）装置的选择

高密度电阻率法采用了三电位电极系，电极排列方式有；温纳四极排列；联合三极排列；偶极排列和微分排列等。上述电极排列既可联合使用，也可根据需要单独使用。此外，当进行单孔或跨孔电阻率成像的数据采集时，二极法供收方式往往成为最经常使用的电极排列。

（2）极距的确定

极距取决于地质对象的埋藏深度。高密度电阻率法的探测深度与电测深的探测深度理论上是一致的。三电位电极系的极距设计为 $a = n \cdot \Delta x$，其中 n 为隔离系数，可以由 1 改变到 15 或更大，也可任选，Δx 为点距。显然 $a = AB/3$，它和勘探深度之间存在某种系数关系。

（3）测点分布

高密度电阻率法由于地表电极总数是固定的，因此，随着隔离系数的增大，测点数便逐渐减少，当 $N = 1 \sim 15$ 变化时，对于 60 路电极而言，一条剖面的测点总数可由式（4－2－1）计算

$$N = \sum_{n=1}^{15} (60 - 3n) \qquad (4-2-1)$$

显然，$n = 1$ 时，$N = 57$。当 $n = 15$，$\alpha = \Delta x$ 时，最下层的剖面长度为 $L_{15} = 15 \cdot \Delta x$。图 4－2－1 为高密度电阻率法的测点分布图。测点在断面上的分布呈倒三角形状。

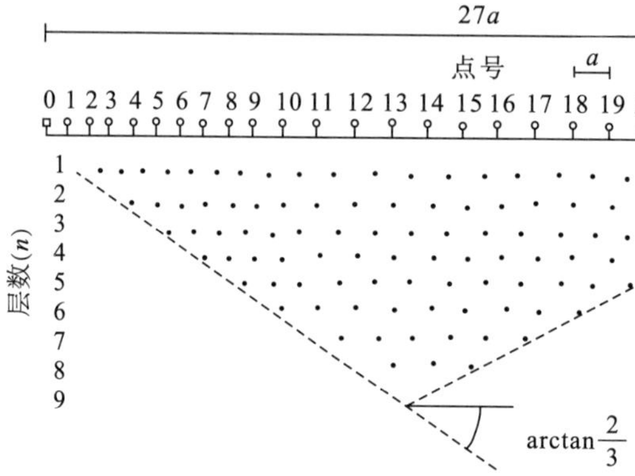

图 4－2－1　测点分布示意图

二、高密度电阻率法的测量系统

高密度电阻率测量方法已经比较成熟，其测量系统的基本原理是一致的，仪器系统包括程控式电极转换开关和数字式电阻率仪。国内外这方面的仪器很多，例如日本的 OYO 公司、瑞典的 ABEM 公司、法国的 IRIS 公司、美国的 AGI 公司等生产的仪器设备，国内主要有吉林大学、中国地质大学、重庆地质仪器厂等单位生产的高密度电法仪。各种仪器的使用大同小异，而且不同仪器设备都有详细的说明书，这里不做介绍。

第三节　高密度电阻率法资料处理及解释

高密度电阻率测量采用了阵列的测量方式，数据量大大地增加，基于计算机的数据处理和解释成为高密度电阻率法非常重要的部分。目前商业的数据处理和正反演解释的软件很多，如 Res2dinv、ElecPROF 等。数据处理的内容大致相同，解释方法也基本一致，在这里做简单介绍。

一、资料处理

1. 资料处理方法

（1）统计处理方法

统计处理包含滑动平均、计算统计参数（均值、方差）、计算电极调整系数、视参数分级。统计处理结果一般采用灰度图来表示，由于它表征了地电断面每一测点视电阻率的相对变化，因此该图在反映地电结构特征方面具有更为直观和形象的特点。

（2）比值换算方法

比值换算是想改善测量结果对地电结构的分辨能力，如前面内容中我们给出了两种比值参数并讨论了它们的基本特性，λ 参数对局部低阻体分辨能力强，而 T 参数对局部高阻体的分辨能力强。

（3）滤波处理方法

三电位电极系中，偶极和微分排列所测视参数曲线随极距的加大，曲线由单峰变为双峰，绘成断面图时，除了和地质对象赋存空间相对应的主异常外，一般还会出现强大的伴随异常，为了消除或减弱三电位电极系视电阻率曲线中的这种振荡成分的影响，从而简化异常形态、增加推断解释的准确性，可以采用数字滤波的方法，并把这种滤波器称为扩展偏置滤波器。

扩展偏置滤波器具有 4 个非零的权系数：0. 12，0. 38，0. 38，0. 12。在滤波计算中，无论隔离系数为几的剖面测量结果，我们总是把滤波系数置于 4 个活动电极所对应的点位上，在电极之间的点位上插入和点位数相当的零系数。例如 $n=2$，滤波器的长度为 7，相应的权系数依次为 0. 12，0. 00，0. 38，0. 00，0. 38，0. 00，0. 12。图 4－3－1 为二维地电模型正演模拟曲线的滤波处理结果，由图中可见，未经滤波的剖面曲线（点划线）随隔离系数的增大，曲线形态复杂，经过滤波处理的剖面曲线（实线），形态大为简化，伴随异常的幅度减小并远离主极值。

2. 处理软件系统

高密度电阻率法是在野外高密度、大批量数据采集的基础上，利用 3 种电阻率参数和两种比值参数来提取地质信息，从而使电法勘探在工程与环境地质调查中的应用效果得到显著的改善和提高，资料处理系统有以下特点：

1）系统采用模块化结构。不同功能形成独立模块，各模块有机统一，既可联合使用也可单独使用。

2）可同时对多条测线、多参数测量结果进行处理，处理后可获得测量范围内不同深度的电性分布。

3）处理后所形成的图件形象、直观、丰富，并且可在任何打印机或绘图仪上输出。

4）采用混合语言编写，程序结构合理，功能齐全、人机对话方便。

高密度电阻率法资料处理系统共包括 3 个主模块：处理（Process）模块、电测深定量解释（Inversion）模块、绘图（Graph）模块。处理模块中通常包含数据圆滑模块、比值换算、滤波、统计参数计算或处理；电测深定量解释模块包括各种装置的测量结果的反演计算；绘图模块是将处理结果或反演结果以最直观的方式显示出来，包括等值线、剖面曲线、彩色或灰度图等。

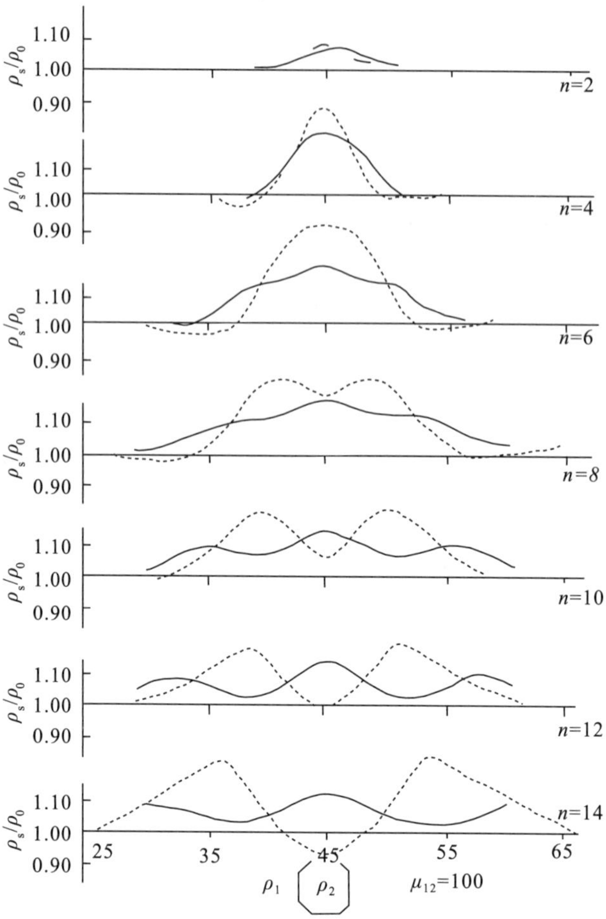

图 4－3－1　二维模型正演模拟曲线的滤波处理

点划线为滤波前的结果；实线为滤波后的结果；n 为隔离系数

二、正演模拟

高密度电阻率法在现场采集到大量关于地电断面结构特征的地质信息，这些信息以数字形式保存在计算机中，并按给定程序进行处理，把有关地质信息提取出来。由于这些信息与多种因素有关，因此在通常情况下，视参数的异常分布与地质断面之间总是存在着比较复杂的关系。为了研究高密度电阻率法对各种典型地电结构的勘探能力，除采用物理模拟外，还进行了大量数值模拟，如有限元法、有限差分法、面积分方程法。有关上述数字模拟的基本原理和算法文献较多，这里不再介绍有关内容。

三、高密度电阻率反演

20 世纪 80 年代中期以来，随着阵列电探采集系统的出现和发展，借鉴医学电阻抗 CT、地震波和电磁波 CT，一些学者相继把 CT 技术引入电法勘探之中，用以研究稳定电流场中电阻率的变化。这方面的方法很多，本节拟对高密度电阻率法的测量数据利用佐迪方法进行成像反演的基本思路及其数字实验结果进行讨论。

1. 佐迪（Zohdy）方法简介

佐迪方法是基于施伦贝尔和温纳测深数据的解释而提出的，它实际是一种最小二乘优化法，即通过不断调整初始模型致使实际测深曲线和模型测深曲线之差达到最小，最终的模型参数即为反演结果。

佐迪方法的基本思想：首先假设地层的层数和测深曲线上的点数一样多。在初始模型中，第一层的电阻率就采用曲线上第一个点的视电阻率，第二层就采用第二个点的视电阻率，整条曲线依此类推。每一层的平均深度采用测得相应电阻率的电极距再乘以某一常数。

用初始模型得到一条理论测深曲线，将该曲线与野外实测曲线进行比较，如果所用常数是正确的，则两条曲线“同相”，但幅值一般不会相同。然后进行迭代处理以调整模型各层的电阻率，直至实测曲线和模型曲线的均方根误差减至最小，图 4－3－2 给出了该方法的基本步骤。

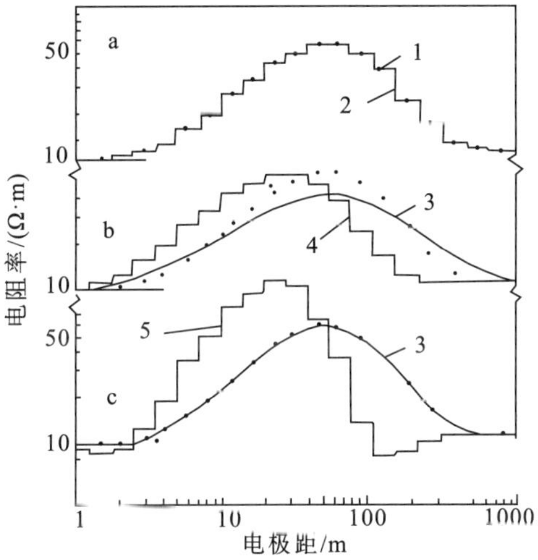

图 4－3－2　电测深曲线佐迪反演示意图

a—初始模型；b—反演过程；c—反演修改（最终结果）。
1—实测数据；2—初始分层；3—模型曲线；4—改正后的分层；5—最终分层

2. 计算方法

（1）初始模型的选取

首先把一半无限空间分割成由 90 个水平单元和 30 个垂直单元组成的矩形网格（图 4－3－3），用网格中间均匀部分模拟断面，把断面上的数据点的视电阻率值作为相应单元的电阻率，每个单元中点的深度等于 $n \cdot a$，对实测拟断面范围外的边线网格单元则赋以拟断面上离它最近的水平或垂直单元的实测电阻率值。

（2）正演计算

可采用有限元或有限差分等。

（3）反演修改

对初始模型，经 2.5 维有限元计算后便得到了理论拟断面，将其与野外实测数据比较，调整该模型每个网格单元的电阻率，整个过程交替重复直至均方根误差降至预定水平。为提高数据质量，在对实测值与计算值进行拟合时，两者均取对数，即均方根差：

$$均方根差 = \sqrt{\frac{1}{N}\sum_{j=1}^{N}\{\ln[\rho_0(j)] - \ln[\rho_i(j)]\}^2} \qquad (4-3-1)$$

式中：N 为测点总数；$\rho_0(j)$ 为第 j 点实测电阻率值；$\rho_i(j)$ 为 i 次迭代后第 j 点计算电阻率值。

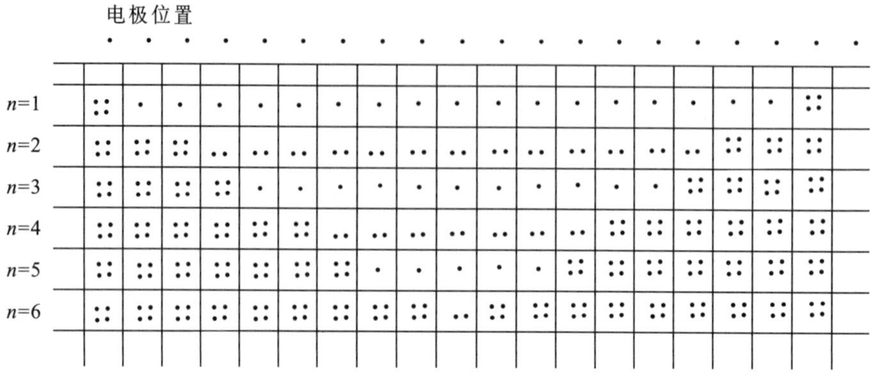

图 4-3-3　有限元网格剖分及模型断面示意图

· 取实测电阻率值；·· 取相邻点实测电阻率值的线性插值；∷ 取邻近单元的电阻率值

3. 数字模拟试验

为验证方法的有效性，除了对实际观测结果进行试算外，还进行了大量数字模拟实验，图 4-3-4 为断层和低阻块体的地电模型数字实验结果（其中断层的大块电阻率为 100 Ω·m，小方块为 2 Ω·m，背景为 10 Ω·m）。图 4-3-4a 为模型正演计算结果；图 4-3-4b 为经过 6 次迭代反演后电阻率分布图像。由图中可见，反演修改后分辨率大大提高，除了地电结构形态得到较大改善外，电阻率已经非常接近真实模型。

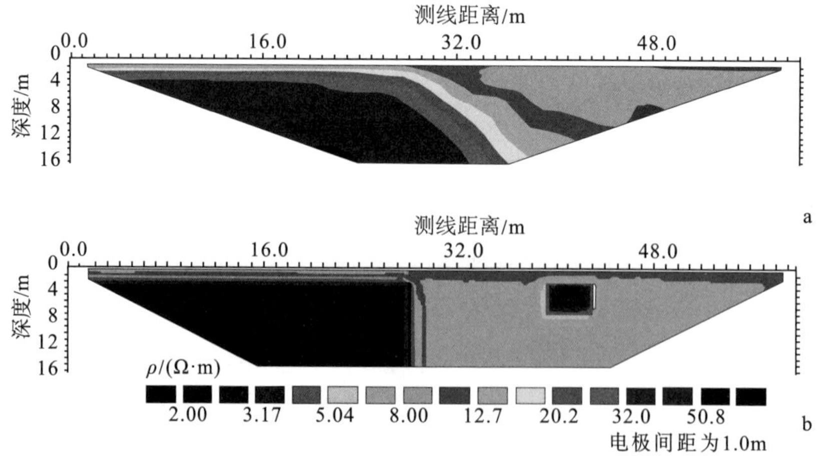

图 4-3-4　反演方法数字模型实验结果图

a—模型正演结果；b—模型反演结果

第五章　激发极化法

在电法勘探的实际工作中我们发现，当采用某一电极排列向大地供入或切断一定强度的电流时，在测量电极之间总能观测到电位差随时间的缓慢变化，这种在充、放电过程中由于电化学作用所引起的随时间缓慢变化的附加电场的现象称为激发极化效应（简称激电效应）。激发极化法（简称激电法）就是以岩（矿）石激电效应的差异为基础从而来达到找矿或解决某些水文地质问题的一类地球物理方法。由于采用直流电场或交流电场都可以研究岩（矿）石的激电效应，因而激发极化法又分为直流（时间域）激发极化法和交流（频率域）激发极化法。两者在基本原理方面是一样的，只是在方法技术上有较大的差异。

激发极化法近年来无论从理论还是方法技术上均有了很大进展，它除了被广泛地用于金属矿的普查、勘探外，在某些地区还被广泛地用于寻找地下水。该方法由于不受地形起伏和围岩电性不均匀的影响，在山区找水中受到特别重视。

第一节　激发极化效应及其形成原因

激发极化现象虽然早在电法勘探发展的初期就已经被人们所发现，但是把它成功地用于找矿或解决某些水文地质问题却只是近几十年的事，而且直到目前为止，对激发极化法的物理－化学机制还缺乏明确和统一的认识。下面，我们以某些为人们所公认的假说为基础，分别就电子导体和离子导体的激发极化机理做概略介绍。

在电场的作用下，发生在电子导体和围岩溶液间的激发极化效应是一个复杂的电化学过程，这一过程所产生的过电位（或超电压）是引起激发极化效应的基本原因。

前已述及，处于同一种电化学溶液中的电子导体，在其表面将形成双电层，双电层间形成一个稳定的电极电位，对外并不形成电场。这种在自然状态下的双电层电位差是电子导体与围岩溶液接触时的电极电位，又称为平衡电极电位，我们用 ε_r 来表示。

在电场作用下，当电流通过电子导体与围岩溶液的界面时，导体内部的电荷将重新分布，自由电子逆电场方向移向电流流入端，使其等效于电解电池的“阴极”；在电流流出端则呈现出相对增多的正电荷，使其等效于电解电极的“阳极”。与此同时，围岩中的带电离子也将在电场作用下产生相对运动，并分别在“阴极”及“阳极”附近形成正离子和负离子的堆积，见图 5－1－1，从而使电流的流入端及流出端的双电层发生了变化。在电流的作用下，导体的“阴极”和“阳极”处双电层电位差相对于平衡电极电位的变化称为过电位（或超电压）。显然，超电压的形成过程就是电极极化过程，在供电过程，超电压随时间的增加而增大，最后趋于饱和值。当切断供电电流后，堆积在界面两侧的异性电荷将通过导体和围岩放电，超电压也将随时间的增加而逐渐减小，最后完全消失。这时，导体和围岩溶液间又恢复到供电之前的均匀双电层状态。

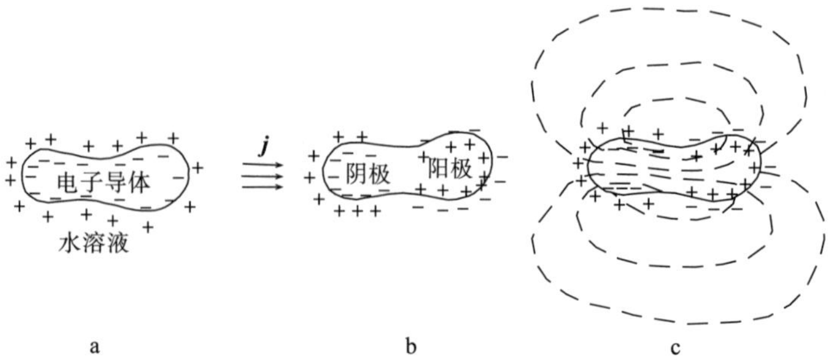

图 5-1-1　电子导体的激发极化效应

a—供电前的均匀双电层；b—供电时的极化现象；c—断电后的放电现象

顺便指出，上述发生在电子导体与围岩溶液界面上的电化学过程是经过简化了的模型。实际上，超电压的形成过程是一个十分复杂的电化学过程，除了电极极化过程外，通电过程在“阴极”“阳极”处发生的氧化-还原过程也是形成电子导体激发极化的因素之一。

对于致密块状导体而言，它和围岩溶液间所产生的激发极化现象发生在两相介质的界面上，我们称其为面极化现象，而对浸染状结构的矿体而言，虽然激发极化现象仍然发生在无数导电颗粒与围岩溶液的界面上，就单个导电颗粒来说，这也是一种面极化现象。但从宏观角度来看，整个导电体内均有激发极化现象的发生，或者说，整个导体所表现的激发极化效应是这些无数小极化单元的综合，我们把他们称为体极化现象。显然，当这些极化单元呈均匀分布时，我们称其为均匀体极化。

实践表明，除电子导体之外，一般岩石（即离子导体）也能产生较明显的激电效应。虽然关于离子导体的激发极化场的成因至今尚无统一的解释方法，但大多数学者认为离子导体的激发极化效应与岩石-溶液界面上的双电层结构有关。自然界中大多数造岩矿物，其表面总呈现出负的剩余电价力，因而吸附围岩溶液中的正离子，并在与溶液的接触面上形成了具有分散结构的双电层，见图 5-1-2a。双电层的固相岩石表面一侧为占有固定位置的负离子，它们吸引溶液中的正离子，使液相一侧靠近界面处的正离子不能自由活动，构成双电层的紧密区，其厚度约为 10^{-8}m。离界面稍远处的正离子，由于受到的吸引力较弱，可以平行界面方向自由移动，构成了双电层的扩散区，厚度为 $10^{-6}\sim10^{-7}$m。

薄膜极化效应是离子导体激发极化的主要原因。当岩石颗粒间的孔隙直径和双电层扩散区的厚度相当时，则整个孔隙皆处于双电层扩散区内，其中过剩的阳离子吸引阴离子而排斥阳离子。故在外电场作用下，扩散区的阳离子移动较快，或者说其迁移率 V^+ 较大；与此同时，由于孔隙中过剩阳离子的吸引，阴离子的移动较慢，或者说其迁移率 V^- 较小。我们称这样的岩石孔隙为阳离子选择带或薄膜。

当电流通过宽窄不同而彼此相连的岩石孔隙时，由于窄孔隙（即薄膜）中阳离子的迁移率 V^+ 大于阴离子的迁移率 V^-，而宽孔隙中阴、阳离子的迁移率几乎相等，于是窄孔隙里的载流子大都为阳离子。电流将大量阳离子带走，结果在窄孔隙的电流流出端形成阳离子的堆积；在电流流入端形成阳离子的不足。由于窄孔隙对阴离子有一定的阻挡作用，因此在阳离子堆积和不足的两端，同样造成阴离子的堆积与不足。这样，沿孔隙方向便形成了离子浓度梯度，它将阻碍离子的运动，直至达到平衡为止。

当断去外电流之后，由于离子的扩散作用离子浓度梯度将逐渐消失，并恢复到原来状

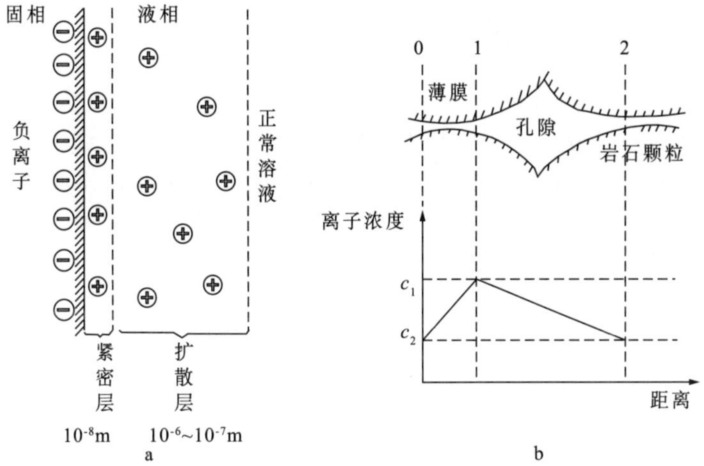

图 5－1－2　离子导体激电场的成因

a—具有分散结构的双电层；b—薄膜极化效应原理

态。与此同时，形成扩散电位，这便是一般岩石（或离子导体）上发生的激发极化现象。

第二节　激发极化特性及测量参数

前已述及，岩（矿）石的激发极化效应可以分为两类，即面极化与体极化。就其形成机理来说两者并无差别，因为从微观来看，所有的激发极化都是面极化的。下面，我们以体极化为例来讨论岩（矿）石在直流电场作用下的激发极化特性。

一、激发极化场的时间特性

激发极化场（即二次场）的时间特性与被极化体与围岩溶液的性质有关。图 5－2－1 表示体极化岩（矿）石在充、放电过程中激发极化场的变化规律。显然，在开始供电的瞬间，只观测到一次场电位差 ΔU_1，随着供电时间的增长，激发极化电场（即二次场电位差 ΔU_2）先是迅速增大，然后变慢，经过 2～3min 后逐渐达到饱和。这是因为在充电过程中，极化体与围岩溶液间的超电压是随充电时间的增加而逐渐形成的。显然，在供电过程中，二次场叠加在一次场上，我们把它称为总场电位差并用 ΔU 来表示。当断去供电电流后，一次场立即消失，二次场电位差开始衰减很快，然后逐渐变慢，数分钟后衰减到零。

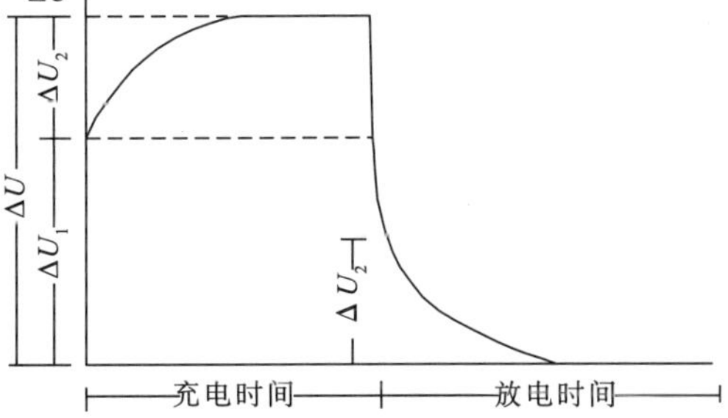

图 5－2－1　岩（矿）石的充、放电曲线

二、激发极化场的频率特性

交流激发极化法是在超低频电场作用下，根据电场随频率的变化来研究岩（矿）石的激电效应。图 5－2－2 是一块黄铁矿人工标本的激电频率特性曲线，由图中可见，在超低频段（$n\times10^{-2}\sim n\times10^{2}$Hz）范围内，交流电位差或者说由此转换成的复电阻率将随频率的升高而降低，我们把这种现象称为频散特性或幅频特性，由于激电效应的形成是一种物理化学过程，需要一定的时间才能完成。所以，当采用交流电场激发时，交流电的频率与单向供电持续时间显然是：频率越低，单向供电时间越长，激电效应越强，因而总场幅度便越大；相反频率越高，单向供电时间越短，激电效应越弱，总场幅度也越小。显然，如果适当的选取两种频率来观测总场的电位差后，便可从中检测出反映激电效应强弱的信息。

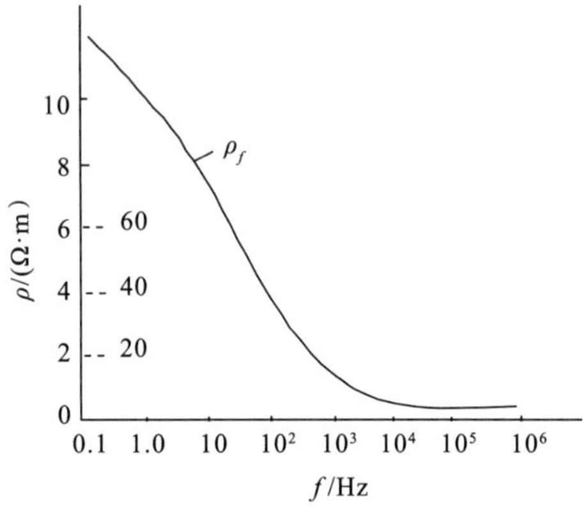

图 5－2－2　黄铁矿人工标本的激电频率特性曲线

三、激发极化法的测量参数

视极化率（η_s）：视极化率是直流（或时域）激发极化法的一种基本测量参数。当地下岩（矿）石的极化率分布不均匀时，用某一电极装置的测量结果实际上就是各种极化体激发极化效应的综合反映，它的表达式为

$$\eta_s=\frac{\Delta U_2}{\Delta U}\times100\% \qquad (5-2-1)$$

式中：ΔU 为极化场电位差；ΔU_2 为断电后某一时刻的二次场电位差。显然，η_s 是一个量纲为 1 的量，实际工作中用百分数来表示，它的大小和分布反映了地下一定深度范围内极化体的存在和赋存状况。

视频散率（P_s）：视频散率是交流（或频率域）激发极化法的一种基本测量参数。该参数是通过选用两种不同频率的电流供电时所测总场电位差来进行计算的，其表达式为

$$P_s=\frac{\Delta U_{r1}-\Delta U_{r2}}{\Delta U_{r2}}\times100\% \qquad (5-2-2)$$

式中：ΔU_{r1} 、ΔU_{r2} 分别为超低频段两种频率供电电流所形成的总场电位差，和 η_s 一样，它也是地下一定深度范围内各种极化体激发极化效应的综合反映。由于直流激电和低频交流

激电两者在物理本质上是完全一样的，因此在极限条件下即 $\Delta U(f_1 \to 0)$ 和 $\Delta U(f_2 \to \infty)$ 时，两种方法会有完全相同的测量结果。

衰减度（D）：衰减度是反映激发极化场（即二次场）衰减快慢的一种测量参数，用百分数来表示。二次场衰减越快，其衰减度就越小。衰减度的表达式为

$$D = \frac{\overline{\Delta U_2}}{\Delta U_2} \times 100\% \tag{5-2-3}$$

式中：ΔU_2 为供电 30s，断电后 0.25s 时的二次场电位差；$\overline{\Delta U_2}$ 为断电后 0.25～5.25s 内二次电位差的平均值。即

$$\overline{\Delta U_2} = \frac{\int_{0.25}^{5.25} \Delta U_2 \cdot \mathrm{d}t}{5} \tag{5-2-4}$$

第三节　几种规则形体的激电异常曲线

一、激电中梯 η_s 曲线

中间梯度装置是时间域激发极化法中应用最广泛的一种电极装置类型。由于供电极距较大，并且测量是在 AB 中部（1/3～1/2）地段进行，所以一次场比较均匀，当其中赋存高极化率地质体时，它将被水平均匀电场所激发，二次场的空间分布形态比较简单。下面，我们以良导极化球体为例来讨论其 η_s 曲线的空间分布规律。

均匀场中良导极化球体所产生的二次场相当于位于球心的水平电流偶极子所产生的电场。球体在地表 x 轴上任意观测点处的二次场强的水平分量 E_2 为

$$E_2 = \frac{\rho_1 p}{2\pi} \cdot \frac{h_0^2 - 2x^2}{(h_0^2 - x^2)^{5/2}} \tag{5-3-1}$$

式中：x 为观测点的横坐标；h_0 为球心埋深；p 为等效电流偶极子的偶极距，$p = i \cdot L$，i 为激发极化二次场的等效电流，L 为等效偶极子两个点电源之间的距离。

图 5-3-1 给出了均匀场中良导极化球体 η_s 曲线的空间分布。大家知道，视极化率是由二次场电位差 ΔU_2 及总场电位差 ΔU 按式（5-3-2）计算得到的，即

$$\eta_s = \frac{\Delta U_2}{\Delta U} \times 100\% \tag{5-3-2}$$

式中：$\Delta U_2 = E_2 \cdot MN = j_2 \cdot \rho_1 \cdot MN$；$\Delta U = E \cdot MN = j \cdot \rho_1 \cdot MN$。

做以上简单变化后，式（5-3-2）可以写成：

$$\eta_s = \frac{E_2}{E} \times 100\% \tag{5-3-3}$$

或

$$\eta_s = \frac{j_2}{j} \times 100\% \tag{5-3-4}$$

式中：j_2，E_2 为二次场电流密度及场强；j，E 为总场电流密度及场强。显然，η_s 曲线的异常特征，我们可以从激电二次场 E_2 或者进而从二次场电流密度的空间分布来加以说明。

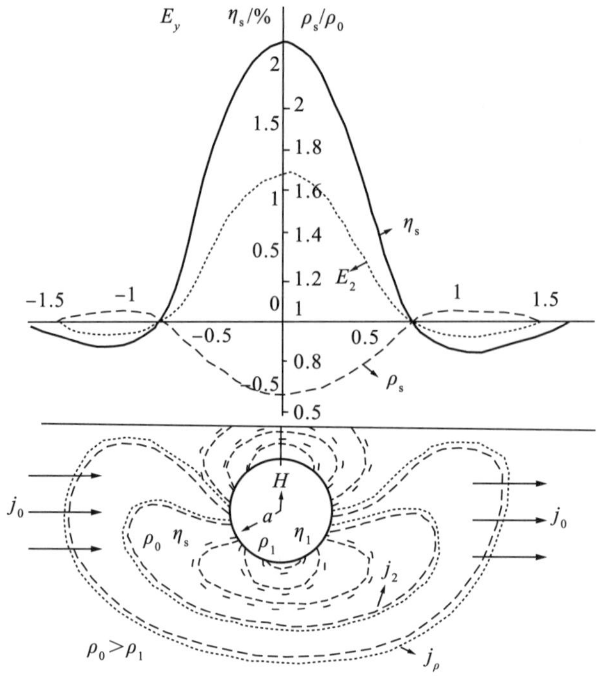

图 5－3－1 均匀场中良导极化球体的 η_s 曲线

1）$x=0$ 时，$E_2=(p_1\rho/2\pi)\cdot(1/h_0^3)$，即在球体上方 E_2 出现极大值。根据式（5－3－3），η_s 曲线也将出现极大值。

2）$x=\pm 1.2h_0$ 时，E_2 取得极小值，与此相对应，在球体两侧出现 η_s 曲线的极小值。

3）$x=\pm 0.7h_0$ 时，$E_2=0$；$x\to\pm\infty$时，$E_2\to 0$；即 η_s 曲线由正极值向负极值过渡时出现零值点，远离球体时 η_s 趋近于背景值。

以上情况也可以从二次场及总场电流密度在地下半空间的分布来讨论。讨论时应注意，总场电流密度（$j=j_0+j_\rho+j_2$）实际上由 3 部分构成：j_0 为均匀场电流密度在地表 MN 间的水平分量；j_ρ 及 j_2 为良导极化球体表面积累电荷及激发极化二次场的电流密度，也应注意只取其在地表 MN 间水平分量来讨论，这里不再赘述。

二、激电测深 η_s 曲线

图 5－3－2 为良导极化球体上不同测点位置的激电测深曲线。显然，η_s 曲线形状和测深点相对于球体的位置有关。当 $x=0$ 时，即在球体的正上方，η_s 曲线相当于水平二层地电断面电阻率测深的 G 型曲线，这不难从电场分布随极距的变化来加以解释。

当极距（$AB/2$）较小时，电场主要分布于地表附近，极化球体的影响十分微弱，故视极化率 η_s 接近于围岩的极化率 η_1，供电极距增大，电场分布范围加大，球体所产生的激电二次场的影响加大，η_s 曲线逐渐上升；当极距很大（$AB/2h_0\geqslant 10$）时，球体赋存地段的电场相当于均匀场，此时 η_s 测深曲线便趋近于某一渐近值。显然，此渐近值的大小恰好等于极化球体上激电中梯 η_s 曲线的极大值。

此外，当 $x\neq 0$ 时，即测深点位于极化球体主剖面其他测点位置时，激电测深曲线的形态将随测点位置的不同而有明显的变化，即随测深点位置偏离球心正上方，异常幅度逐

渐减小；测深点坐标等于或大于球心埋深的一半时，曲线均出现极值，其形态和水平三层断面的 K 型视电阻率测深曲线相似；当极距 $AB/2 \to \infty$时，曲线趋近于比极大值要小的某一渐近值。由于此时球体处于均匀场中，因此各测深点的渐近值分别等于球体上中梯装置 η_s 曲线在相应测点的视极化率值。

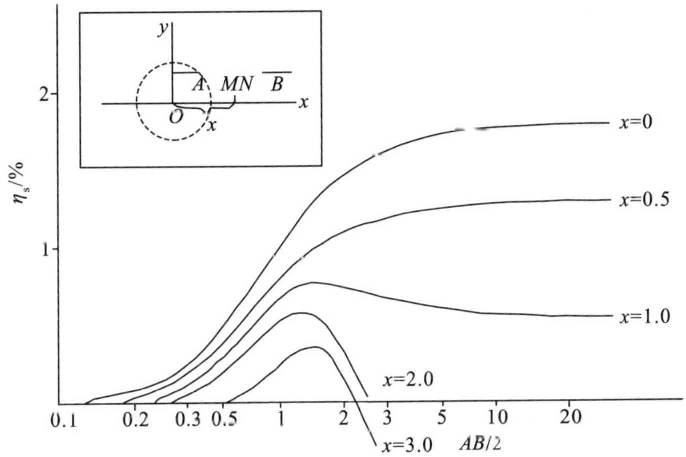

图 5－3－2　良导极化球体激电测深 η_s 曲线

$h_0=2$，$\rho_1=\rho_2$，$\eta_1=0$，$\eta_2=20\%$

第六章　瞬变电磁法

电磁法是以交变电磁场为基础的地球物理方法，根据岩、矿石的导电性、导磁性及介电性的差异，通过研究场的空间和时间分布特性从而来解决有关地质问题的一类地球物理方法方法。电磁法的种类很多，从场源形式上可以分为人工场源及天然场源两种，其中人工场源又可分为连续波场、瞬变脉冲电磁场。连续波场是向地下发射不同频率的正弦波电磁场，并观测场的空间分布。也可以通过改变发射频率进而研究异常场随频率的变化，这种形式的电磁法又称为频率域电磁法。在电磁法中还有一类时间域电磁法，它是向大地发射不同形式的脉冲电磁场，在脉冲的间歇时间观测电磁场随时间的衰减，从而来解决有关的地质问题。本节将主要介绍时间域的瞬变电磁法（Transient Electromagnetic，TEM）和简单介绍天然场源的甚低频电磁法。

第一节　瞬变电磁法

时间域瞬变电磁方法为近年发展起来的一种地球物理方法，它利用不接地回线或接地电极向地下发送脉冲式一次电磁场，用线圈或接地电极观测由该脉冲电磁场感应的地下涡流场产生的二次电磁场的空间和时间分布。瞬变电磁方法是在没有一次场背景的情况下观测二次电磁场（纯异常），大大简化了对地质对象所产生异常场的研究，提高探测能力和效果。

方法的主要特点是：①在高阻围岩地区不会因地形起伏产生干扰异常；②采用同点组合进行观测，与探测目标的耦合最紧，取得的异常响应强，形态简单，分层能力强；③线圈的点位、方位或接发距要求相对不严，测量工作简单，效率较高；④具有穿透低阻盖层的能力，探测深度大；⑤剖面测量与测深工作同时完成，提供更多有用信息，减少多解性。

一、均匀大地的瞬变电磁响应

1. 均匀大地的瞬变电磁响应过程

瞬变电磁法的激励场源主要有两种，一种是载流线圈或回线，另一种是接地电极。目前，用得较多的是回线场源。发射的电流脉冲波形主要有矩形波、三角波和半正弦波等，不同波形有不同的频谱，激发极化的二次场频谱也不相同。下面主要讨论回线场源阶跃脉冲（相当于矩形脉冲后沿）激发的瞬变电磁场。

在导电率为 σ 、磁导率为 μ_0 的均匀各向同性大地表面敷设面积为 S 的矩形发射回线，在回线中供以 $I(t)=\begin{cases} I & t<0 \\ 0 & t\geqslant 0 \end{cases}$ 的阶跃脉冲电流。在电流断开之前，发射电流在回线周围

的大地和空间中建立起一个稳定的磁场，如图 6－1－1 所示。

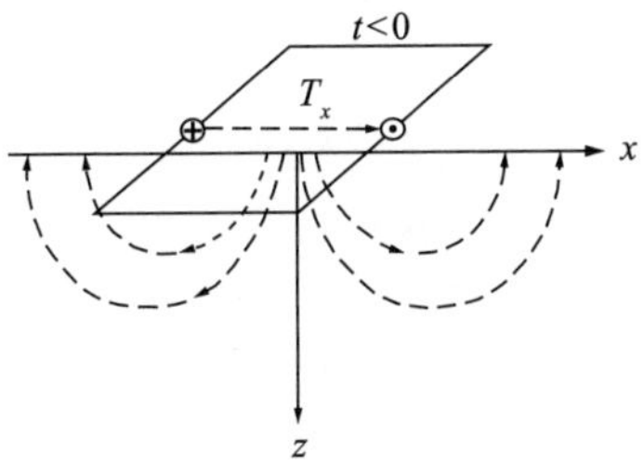

图 6－1－1　矩形回线中输入阶跃电流产生的磁力线

在 $t=0$ 时刻，将电流突然断开，由该电流产生的磁场也立即消失。一次磁场的这一剧烈变化通过空气和地下导电介质传至回线周围的大地中，并在大地中激发出感应电流以维持发射电流断开之前存在的磁场，使空间的磁场不会即刻消失。由于介质的欧姆损耗，这一感应电流将迅速衰减，由它产生的磁场也随之迅速衰减，这种迅速衰减的磁场又在其周围的地下介质中感应出新的强度更弱的涡流。这一过程继续下去，直至大地的欧姆损耗将磁场能量消耗完毕为止。这便是大地中的瞬变电磁过程，伴随这一过程存在的电磁场便是大地的瞬变电磁场。

应该指出，由于电磁场在空气中传播的速度比在导电介质中传播的速度快得多，当一次电流断开时，一次磁场的剧烈变化首先传播到发射回线周围地表各点，因此，最初激发的感应电流局限于地表。地表各处感应电流的分布也是不均匀的，在紧靠发射回线一次磁场最强的地表处感应电流最强。随着时间的推移，地下的感应电流便逐渐向下、向外扩散，其强度逐渐减弱，分布趋于均匀。美国地球物理学家纳比吉安对发射电流关断后不同时刻地下感应电流场的分布进行了研究，研究结果表明，感应电流呈环带分布，涡流场极大值最先位于紧挨发射回线的地表下，随着时间的推移，该极大值沿着与地表呈 30°倾角的锥形斜面向下、向外移动，强度逐渐减弱。图 6－1－2 中示出了不同时刻穿过发射回线中心的横断面上地下感应电流密度的等值线。

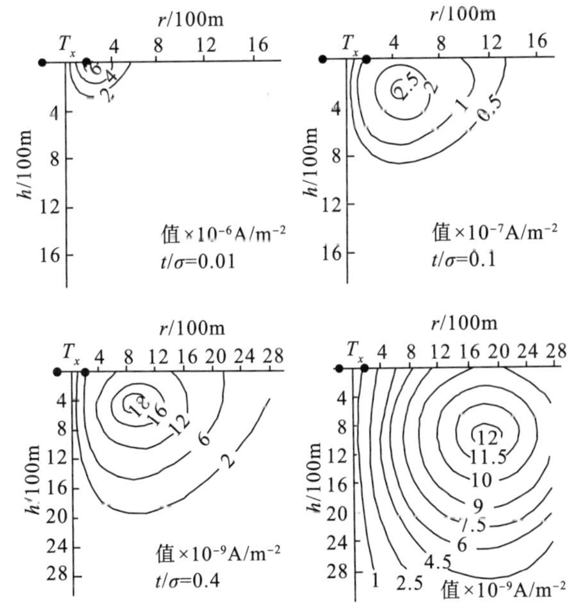

图 6－1－2　穿过 T_x 中心的横断面内电流密度模值等值线（T_x = 800m × 400m）

2. “烟圈效应”

纳比吉安指出，任一时刻地下涡旋电流在地表产生的磁场可以等效为一个水平环状线电流的磁场。在发射电流刚关断时，该环状线电流紧挨发射回线，与发射回线具有相同的形状。随着时间的推移，该电流环向下、向外扩散，并逐渐变形为圆电流环。图6-1-3给出了发射电流关断后3个不同时刻地下等效电流环的示意分布。从图中可以看到，等效电流环很像从发射回线中“吹”出来的一系列“烟圈”，因此，人们将地下涡旋电流向下、向外扩散的过程形象地称为“烟圈效应”。

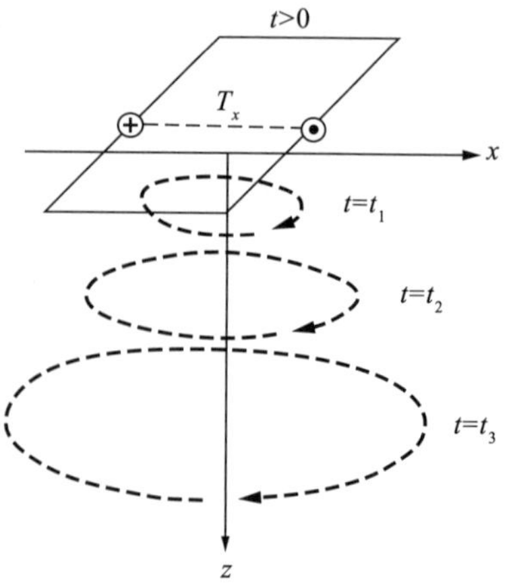

图6-1-3　半空间中的等效涡流环

“烟圈”的半径 r、深度 d 的表达式分别为

$$r = \sqrt{8c_2 \cdot t/(\sigma\mu_0) + a^2} \tag{6-1-1}$$

$$d = 4\sqrt{t/\pi\sigma\mu_0} \tag{6-1-2}$$

式中：σ 为导电率；μ_0 为磁导率；t 为时间；a 为发射线圈半径；$c_2 = 8/\pi - 2 = 0.546479$。

当发射线圈半径相对于“烟圈”半径很小时，可得 $\tan\theta = d/r \approx 1.07$，$\theta = 47°$，故“烟圈”将沿47°倾斜锥面扩散，其向下传播的速度为

$$v = \frac{\partial d}{\partial t} = \frac{2}{\sqrt{\pi\sigma\mu_0 t}} \tag{6-1-3}$$

从式（6-1-1）~式（6-1-3）可以看出，地下感应涡流向下、向外扩散的速度与大地导电率有关，导电性越好，扩散速度越慢，这意味着在导电性较好的大地上，能在更长的延时后观测到大地瞬变电磁场。

从“烟圈效应”的观点看，早期瞬变电磁场是由近地表的感应电流产生的，反映浅部电性分布；晚期瞬变电磁场主要是由深部的感应电流产生的，反映深部的电性分布。因此，观测和研究大地瞬变电磁场随时间的变化规律，可以探测大地电性的垂向变化。

二、均匀大地上垂直磁偶源的瞬变电磁场及视电阻率定义

1. 瞬变电磁场的计算方法

理论上，瞬变电磁场可通过直接求解由时间域电磁场方程及相应边界条件构成的定解问题来进行计算，但这样做往往难度较大、费时较多。通过先计算频率域电磁场，再对频率域电磁场做逆傅立叶变换来获得瞬变电磁场则显得更便捷。

如前所述，瞬变电磁场可视为不同频率谐变电磁场的组合，两者通过傅立叶变换互相联系，即

$$H(\omega) = \int_{-\infty}^{\infty} H(t)\mathrm{e}^{i\omega t}\mathrm{d}t \tag{6-1-4}$$

$$H(t) = \frac{1}{2\pi}\int_{-\infty}^{\infty} H(\omega)\mathrm{e}^{-i\omega t}\mathrm{d}\omega \tag{6-1-5}$$

式中：t 为时间；ω 为角频率；$i=\sqrt{-1}$。

式（6－1－5）便是由频率域电磁场计算时间域电磁场的表达式。

2. 均匀大地上垂直阶跃磁偶极子瞬变电磁场表达式

均匀大地和水平层状大地上垂直谐变磁偶极子的谐变电磁场已有完备的公式，其瞬变电磁场可通过对相应的频率域场表达式进行逆傅立叶变换得到。

均匀大地上垂直谐变磁偶极子电磁场在柱坐标系中的表达式为

$$E_{\varphi}(\omega)=-\frac{m(\omega)\rho}{2\pi r^{4}}[3-(3-3ikr-k^{2}r^{2})e^{ikr}] \tag{6-1-6}$$

$$B_{z}(\omega)=\frac{\mu_0 m(\omega)}{4\pi r^{3}}-\frac{2}{k^{2}r^{2}}[-9+(9-9ikr-4k^{2}r^{2}+ik^{3}r^{3})e^{ikr}] \tag{6-1-7}$$

$$B_{r}(\omega)=-\frac{\mu_0 m(\omega)}{4\pi r^{3}}k^{2}r^{2}\left[I_1\left(\frac{ikr}{2}\right)K_1\left(\frac{ikr}{2}\right)I_2\left(\frac{ikr}{2}\right)K_2\left(\frac{ikr}{2}\right)\right] \tag{6-1-8}$$

式中：E_{φ} 为 φ 方向的电场强度；B_z、B_r 分别为 z 方向和 r 方向的磁感应强度；$m(\omega)$ 为发射磁矩；ρ 为大地电阻率；r 为观测点至场源的距离；μ_0 为空气的磁导率（$\mu_0=4\pi\times10^{-7}H/\mathrm{m}$）；$i=\sqrt{-1}$；$k$ 为角波数（$k=\sqrt{-i\omega\mu_0\sigma-\omega^{2}\mu_0\varepsilon}\approx\sqrt{-i\omega\mu_0\sigma}$）；$I_1$、$I_2$ 和 K_1、K_2 分别为 1 阶和 2 阶修正的第一类和第二类柱贝塞尔函数。

时间域电磁场的激发磁矩为

$$m(t)=\begin{cases}m & t<0\\0 & t>0\end{cases} \tag{6-1-9}$$

其频谱为

$$m(\omega)=\int_{-\infty}^{\infty}m(t)e^{i\omega t}dt=\frac{m}{i\omega} \tag{6-1-10}$$

将式（6－1－10）代入式（6－1－6）～式（6－1－8），再进行逆傅立叶变换，便得到均匀大地上垂直阶跃磁偶极子的瞬变电磁场表达式为

$$E_{\varphi}(t)=\frac{3m\rho}{2\pi r^{4}}\left[\Phi(u)-\sqrt{\frac{2}{\pi}}u\left(1+\frac{u^{3}}{3}\right)e^{-\frac{u^{2}}{2}}\right] \tag{6-1-11}$$

$$B_{z}(t)=\frac{\mu_0 m}{4\pi r^{3}}\left[\left(1-\frac{9}{u^{2}}\right)\Phi(u)+\sqrt{\frac{2}{\pi}}\left(\frac{9}{u}+2u\right)e^{-\frac{u^{2}}{2}}\right] \tag{6-1-12}$$

$$B_{r}(t)=\frac{\mu_0 m}{4\pi r^{3}}4e^{-\frac{u^{2}}{4}}\left[\left(2+\frac{u^{2}}{4}\right)I_1\left(\frac{u^{2}}{4}\right)-\frac{u^{2}}{4}I_0\left(\frac{u}{4}\right)\right] \tag{6-1-13}$$

式中：$u=2\pi r/\tau$，$\{\tau\}_{\mathrm{m}}=\sqrt{2\pi10^{7}\{\rho\}_{\Omega\cdot\mathrm{m}}\{t\}_{\mathrm{s}}}$；$I_0$ 和 I_1 分别为 0 阶和 1 阶修正的第一类柱贝塞尔函数；$\Phi(u)$ 为概率积分，其表达式为

$$\Phi(u)=\sqrt{\frac{2}{\pi}}\int_{0}^{u}e^{-\frac{u^{2}}{2}}dx \tag{6-1-14}$$

3. 均匀大地上垂直阶跃磁偶极子瞬变电磁场的渐近特性和视电阻率定义

由式（6－1－11）～式（6－1－13）可见，瞬变电磁场与大地电阻率以及延迟时 t 的关系比较复杂，因此，通常研究早期和晚期两种极限条件下的渐近特性，并据此定义早期和晚期视电阻率。

（1）早期渐近特性和早期视电阻率

所谓早期，是指 $\tau/r\to 0$ 的情况，此时 $u\to\infty$，由式（6－1－11）和式（6－1－12）有

$$E_{\varphi}(t) = \frac{3m\rho}{2\pi r^{4}} \tag{6-1-15}$$

$$\frac{\partial B_{z}(t)}{\partial t} = \frac{9m\rho}{2\pi r^{5}} \tag{6-1-16}$$

由式（6－1－15）和式（6－1－16）可归纳出早期瞬变电磁场有以下特征：

1）早期电磁场与大地电阻率成正变关系，即大地导电性越差，早期瞬变电磁场越强。这是由于大地导电性越差，它产生反抗一次磁场变化的感应电流的能力就越小，因而空间磁场衰减速度就越快，由此激发的涡旋电场便越强。

2）早期电磁场强度随距离增加衰减很快，这表明早期感应电流集中于发射场附近。

3）早期磁场强度随时间的变化是线性的，电场强度则与时间无关。

从式（6－1－15）和式（6－1－16）得到观测 E_{φ} 和 $\frac{\partial B_z}{\partial t}$ 的早期视电阻率表达式为

$$\rho_{\tau}^{E} = \frac{2\pi r^{4}}{3m}E_{\varphi} \tag{6-1-17}$$

$$\rho_{\tau}^{B} = \frac{2\pi r^{5}}{9m}\frac{\partial B_{z}}{\partial t} \tag{6-1-18}$$

图6－1－4绘出了均匀大地上早期电磁场定义的 ρ_{τ}^{E}/ρ 和 ρ_{τ}^{B}/ρ 相对于 τ/r 的函数关系。从图中可见，当 $\tau/r<2$ 时，$\rho_{\tau}^{E}\to\rho$，误差小于5%。因此，一般将 $\tau/r<2$ 作为早期的条件。当不满足早期条件时，ρ_{τ}^{E}/ρ 随 τ/r 增加而迅速单调减小。因为 $\frac{\partial B_z}{\partial t}$ 在 $\tau/r=3.545$ 时发生符号改变，因而 ρ_{τ}^{B} 曲线在该处中断。目前很少用早期瞬变电磁场，因此不对其做过多的讨论。

（2）晚期渐近特性和晚期视电阻率

所谓晚期，是指 $\tau/r\to\infty$ 的情况，此时 $u\to 0$，由式（6－1－11）和式（6－1－12）有

$$E_{\varphi}(t) = \frac{mr\mu_{0}}{40t}\left(\frac{\mu_{0}}{\pi\rho t}\right)^{\frac{3}{2}} \tag{6-1-19}$$

$$\frac{\partial B_{z}(t)}{\partial t} = \frac{m\mu_{0}}{20t}\left(\frac{\mu_{0}}{\pi\rho t}\right)^{\frac{3}{2}} \tag{6-1-20}$$

由式（6－1－19）和式（6－1－20）可归纳出晚期瞬变电磁场具有如下特征：

1）晚期瞬变电磁场强度与大地电阻率成反比关系，即大地导电性越差，电磁场强度越弱。这是由于在导电性差的大地上，磁场强度经早期衰减已衰减殆尽的缘故。

2）晚期垂直磁场（及其时间导数）强度与位置无关（均匀场），这说明大地中等效“烟圈”电流已扩散到无限深、无限远处了。

3）晚期瞬变电磁场强度随时间迅速衰减，与 $t^{5/2}$ 成反比。

从晚期场的上述特点可以看出：观测晚期瞬变电磁场时，导电性好的地质环境中将有较强的信号水平，有利于观测。当用水平线圈或回线观测 $\frac{\partial B_z}{\partial t}$ 时，发收装置的相互位置误差不会给观测结果带来重大影响。由于晚期场强度随时间衰减很快，因此，要观测足够时间范围的信号，测量仪器必须有相当大的动态范围。

从式（6－1－19）和式（6－1－20）得到观测 E_φ 或 $\frac{\partial B_z}{\partial t}$ 的晚期视电阻率的表达式为

$$\rho_\tau^E = \frac{\mu_0}{4\pi t}\left(\frac{\mu_0 mr}{5tE_\varphi}\right)^{\frac{2}{3}} \tag{6－1－21}$$

$$\rho_\tau^B = \frac{\mu_0}{4\pi t}\left(\frac{2\mu_0 m}{5t\frac{\partial B_z}{\partial t}}\right)^{\frac{2}{3}} \tag{6－1－22}$$

图6－1－5 绘出了均匀大地上由晚期瞬变电磁场定义的 ρ_τ^E/ρ 和 ρ_τ^B/ρ 相对于 τ/r 的函数关系。从图中可见，当 $\tau/r>16$ 时，$\rho_\tau\to\rho$，误差小于5%。因此，一般将 $\tau/r>16$ 作为晚期条件。当不满足晚期条件时，ρ_τ^E/ρ 随 τ/r 减小急剧增大，ρ_τ^B 在 $\tau/r=3.545$ 处出现符号变化。它们的渐近线方程为

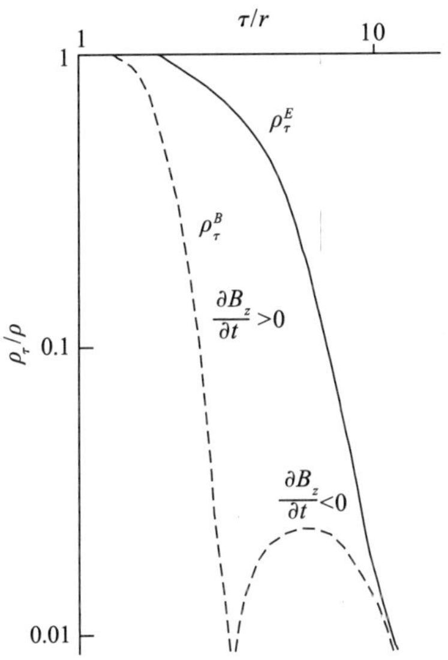

图6－1－4　早期 ρ_τ 曲线特征

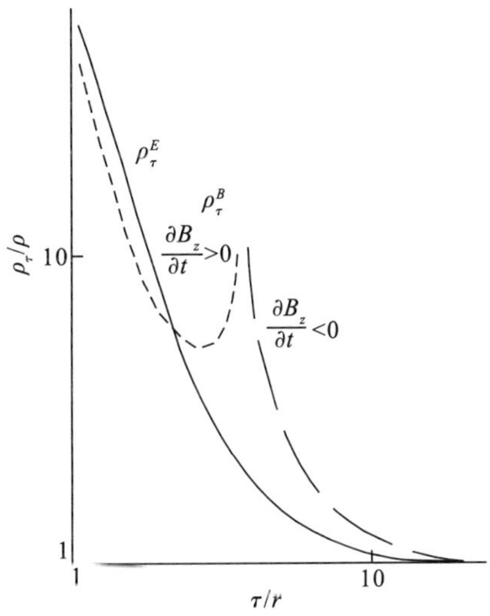

图6－1－5　晚期 ρ_τ 曲线特征

$$\rho_\tau^E/\rho = 64.74\left(\frac{\tau}{t}\right)^{-\frac{10}{3}} \tag{6－1－23}$$

$$\rho_\tau^B/\rho = 49.40\left(\frac{\tau}{t}\right)^{-\frac{10}{3}} \tag{6－1－24}$$

实际工作中晚期 ρ_τ 公式较常用。下面给出瞬变电磁法中常用的重叠回线装置 ρ_τ 计算公式。使用边长为 L 的正方形重叠回线，供电电流为 I 时，发射磁矩为 $m=L^2I$，测得的感应电压为 $U(t)=L^2\frac{\partial B_z}{\partial t}$。将二者代入式（6－1－22），可得 ρ_τ 表达式为

$$\rho_\tau(\Omega\cdot\text{m}) = 6.32\times10^{-3}\left\{L^{\frac{8}{3}}\right\}_{\text{m}}\left\{\frac{U(t)}{I}\right\}_{\mu\text{V/A}}^{-\frac{2}{3}}\{t\}_{\text{ms}}^{-\frac{5}{3}} \tag{6－1－25}$$

应该指出，使用早期或晚期视电阻率公式计算 ρ_τ 虽然简单，但其缺陷是不满足极限条件时计算出的 ρ_τ 不收敛于均匀大地的 ρ，ρ_τ 曲线形态复杂，根据 ρ_τ 曲线或 ρ_τ 断面等值线对资料做定性解释造成困难。因此，已有学者研究了适用于全期的 ρ_τ 计算方法。

从物理意义上看，所谓早期，就是相对于某一固定观测点来说大地中感应电流主要集中在场源附近的时刻；所谓晚期，就是大地中感应电流已扩散到无限远处的时刻。在某一固定的延迟时间，对于离场源不同距离的观测点而言，往往处于不同的时间阶段。相对于远离场源的测点，感应电流可能仍主要分布于场源附近，该测点还处于早期阶段。而相对于场源附近的另一个测点，此时感应电流已扩散到较远、较深的地方，故该测点已处于晚期阶段。

三、水平层状大地的瞬变电磁响应

1. 水平层状大地上回线场源的瞬变电磁场表达式

设 n 层水平层状大地各层的电阻率分别为 $\rho_1, \rho_2, \cdots, \rho_n$；各层的厚度分别为 $h_1, h_2, \cdots, h_{n-1}$。位于地表半径为 a 的水平载流回线的谐变电磁场表达式为

$$E_{\varphi}(\omega) = i\omega\mu_0 I(\omega)\int_0^{\infty}\frac{Z^{(1)}}{Z^{(1)}+Z_0}J_1(\lambda a)J_1(\lambda r)\mathrm{d}\lambda \qquad (6-1-26)$$

式中：E_{φ} 为 φ 方向的电场强度；ω 为角频率；$I(\omega)$ 为该频率的激发脉冲电流频谱；r 为观测点到发射回线中心的距离；J_1 为一阶柱贝塞尔函数，$Z^{(1)}$ 由速推表达式计算：$Z^{(n)} = Z_n$。其中，$Z_j = -i\omega\mu_0/u_j (j = n-1, n-2, \cdots, 1)$，$u_j = \sqrt{\lambda^2 - k_j^2} = \sqrt{\lambda^2 + i\omega\mu_0/\rho_j} (j = 0, 1, \cdots, n)$。

将阶跃电流的频谱 $I(\omega) = \dfrac{I}{i\omega}$ 代入（6－1－26），再做逆傅立叶变换，得水平层状大地上水平回线场源阶跃电流激发的瞬变电磁场表达式为

$$E_{\varphi}(t) = \frac{\mu_0 I a}{2\pi}\int_{-\infty}^{\infty}\left[\int_0^{\infty}\frac{Z^{(1)}}{Z^{(1)}+Z_0}J_1(\lambda a)J_1(\lambda r)\mathrm{d}\lambda\right]\mathrm{e}^{-i\omega t}\mathrm{d}\omega \qquad (6-1-27)$$

对于中心回线装置，接收回线测得的感应电压为 $U(t) = 2\pi r E_{\varphi}(t)$。其中，$r$ 为接收回线半径。于是

$$U(t) = \mu_0 I r a\int_{-\infty}^{\infty}\left[\int_0^{\infty}\frac{Z^{(1)}}{Z^{(1)}+Z_0}J_1(\lambda a)J_1(\lambda r)\mathrm{d}\lambda\right]\mathrm{e}^{-i\omega t}\mathrm{d}\omega \qquad (6-1-28)$$

在式（6－1－28）中令 $r=a$，可很容易地写出重叠回线装置测得的感应电压表达式。

式（6－1－27）和式（6－1－28）中右端含有贝塞尔函数的积分称为汉克尔变换，可用数字滤波方法计算。逆傅立叶变换的计算可化作余弦变换用数字滤波方法计算。计算出 $E_{\varphi}(t)$ 或 $U(t)$ 后，便可用相应的 ρ_{τ} 公式计算对应装置的早期或晚期视电阻率曲线。

2. 水平层状大地的瞬变电磁测深曲线

实测的瞬变电磁测深曲线一般是绘在双对数坐标纸上的 $\rho_{\tau}-\sqrt{t}$ 曲线。水平层状大地上的瞬变电磁测深理论曲线则是 $\rho_{\tau}/\rho-\tau/h_1$ 曲线（$\tau_1 = \sqrt{2\pi 10^7\{\rho_1\}_{\Omega\cdot\mathrm{m}}\{t\}_{\mathrm{s}}}$）。不同的场源、场量定义的 ρ_{τ} 略有差异。下面以垂直磁偶源定义的 E_{φ} 为例说明瞬变电磁测深视电阻率曲线的性质。

（1）早期视电阻率曲线

早期视电阻率曲线一般是用较大的收发距测得的，因而又称为远区瞬变电磁测深

曲线。

图6－1－6为二层地电断面上理想的早期ρ_τ曲线，所谓“理想的”是指$h\to\infty$的情况，在所涉及的τ_1范围内，均能满足$\tau_1/r<2$的早期条件。从图中可见，在理想的早期条件下，ρ_τ曲线左支单调地趋于ρ_1，右支趋于ρ_2。ρ_τ从ρ_1变化到ρ_2对应的τ_1/h_1值大约为10左右。这是由于当τ_1/h_1很小时，感应电流大部分局限于第一层中，此时的瞬变电磁场主要反映第一层的电性。当$\tau_1/h_1\to\infty$时，绝大部分感应电流均分布于基底中，此时的瞬变电磁场便主要反映基底层的电性。

实际工作中，很难得到完整的早期ρ_τ曲线。当τ_1较大时，往往不满足早期条件，使ρ_τ曲线右支发生畸变。图6－1－7绘出的是不同τ/h_1值的H型三层大地上的ρ_τ曲线。从图中可见，ρ_τ曲线的左支渐近线为ρ_1。中间段下凹，反映中间的低阻层。随着τ_1/h_1进一步增大，ρ_τ开始受第三层电性影响，有上升趋势，但因偏离了“早期”条件，得到往下掉的畸变曲线。

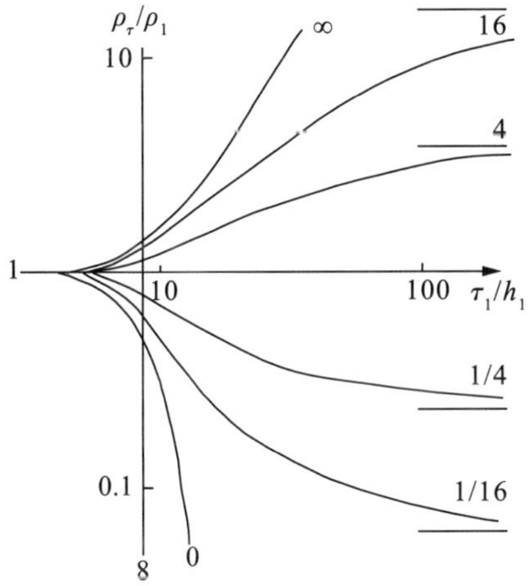

图6－1－6　二层大地早期视电阻率曲线

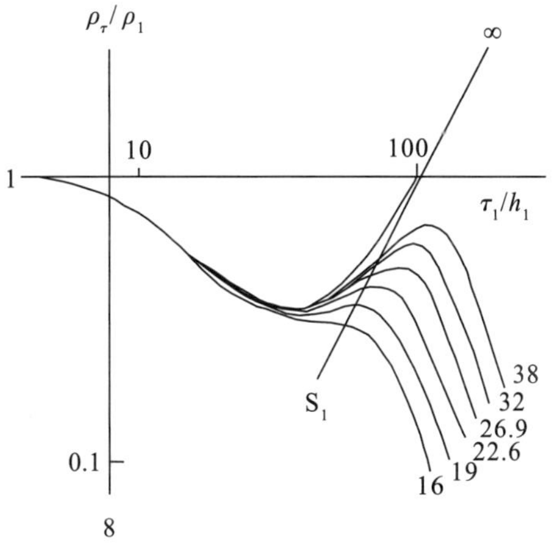

图6－1－7　三层大地（H－1/4－∞，$v_2=4$）早期视电阻率曲线

（2）晚期视电阻率曲线

晚期ρ_τ曲线一般是采用比探测目的层深度h小的发收距r测得的，又称为近区瞬变电磁测深曲线。当$\tau/h_1<0.7$时，测得的ρ_τ曲线与$r\to0$时的曲线相差已小于5%。同样，实际工作中也很难得到完整的晚期曲线。当τ_1较小时，由于已偏离了晚期条件，得到前支“上翘”的畸变曲线。图6－1－8和图6－1－9为二层大地上垂直磁偶源E_φ定义的晚期视电阻率曲线。从图中可见，当$\tau_1/h_1\to\infty$时，$\rho_\tau\to\rho_2$。但当$\tau_1/h_1\to0$时，ρ_τ左支并不趋于ρ_1而是上翘。其左支渐近线是一条斜率为10/3的直线，相当于电阻率为ρ_1的均匀大地的ρ_τ曲线。当$\rho_2>\rho_1$时，ρ_τ开始偏离ρ_1趋于ρ_2的τ_1/h_1值约为10。如果基底为绝缘介质，则ρ_τ曲线右支趋于一条以63°26′上升的直线，这与导电薄层上的晚期视电阻率曲线相同。

对于$\rho_2<\rho_1$的二层大地，ρ_τ在偏离ρ_1下降前还有个上升过程，形成一个极大值。当$\rho_2\ll\rho_1$时，ρ_τ曲线以68°10′下降，但不同ρ_2/ρ_1值的ρ_τ曲线并不重合，而是彼此平行。

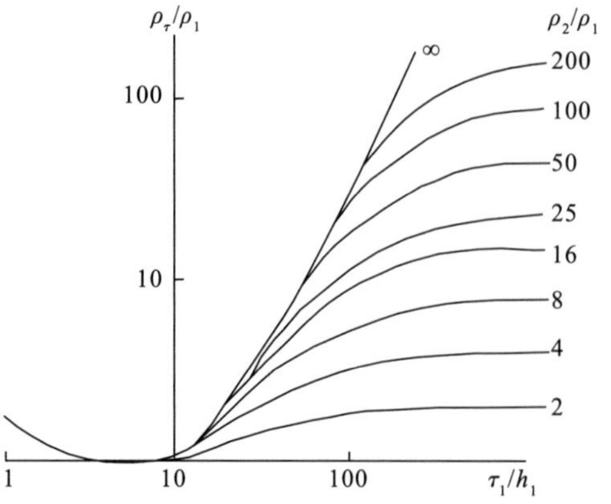

图 6－1－8　$\rho_2/\rho_1>1$ 的二层理论曲线 $\tau/h_1=0.25$

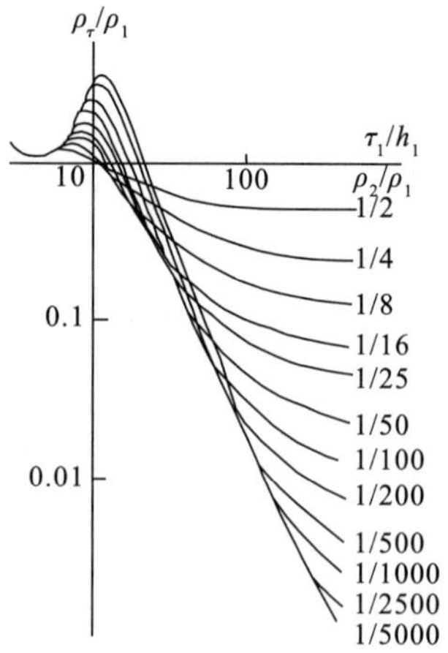

图 6－1－9　$\rho_2/\rho_1<1$ 的二层理论曲线 $\tau/h_1=0.25$

图 6－1－10 是 $\rho_2/\rho_1=1/8$ 的二层大地上不同 τ/h_1 的晚期 ρ_τ 曲线，它用来说明发收距对 ρ_τ 曲线的影响（当使用重叠回线装置时，即为回线等效半径对 ρ_τ 曲线的影响）。从图中可见，随着发收距减小，ρ_τ 左支逼近 ρ_1。大约当 $\tau/h_1<0.2$ 时，在 $\tau/h_1<10$ 区间出现一段 $\rho_\tau=\rho_1$ 的水平段。图 6－1－10 还表明，如果采用重叠回线做瞬变电磁测深，而表层厚度小于回线边长，那么很难从晚期 ρ_τ 曲线上一目了然地看出表层电阻率值。

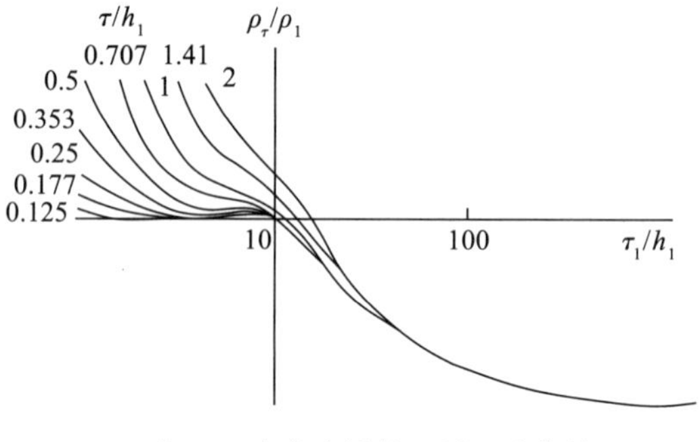

图 6－1－10　以 r/h_1 为参变量的二层理论曲线 $\rho_2/\rho_1=1/8$

图 6－1－11 是三层大地晚期视电阻率曲线。从图中可见，ρ_τ 曲线左支与相应的二层曲线相同，右支趋于第三层的电阻率。中间层的影响是：H 型曲线有明显的极小值；K 型曲线有明显的极大值；A 型曲线为上升曲线；Q 型曲线为下降曲线。当中间层厚度较小时，A 型和 Q 型曲线分别与二层 G 型和 D 型曲线十分相似。

瞬变电磁测深是以观测导电地层中感应电流的磁场来工作的。因此，它对良导层具有比高阻层更强的探测能力。对良导薄层的探测能力问题是有效地进行瞬变电磁测深工作需要解决的一个问题。图 6－1－12 绘出 $\rho_1=\rho_3$，$h_2=0.1h_1$，不同 ρ_2/ρ_1 的含一中间良导薄层的三层大地上的 ρ_τ 曲线以及电阻率为 ρ_1 的均匀大地的 ρ_τ 曲线。从图中可见，中间层导电性越好，其 ρ_τ 曲线与均匀大地 ρ_τ 曲线的差异便越大。如果野外观测的 ρ_τ 相对误差要求为 5%，以与均匀大地 ρ_τ 曲线差异大于 15% 作为探测到中间良导薄层的标准，则在 $\rho_2/\rho_1=0.2$，0.1，0.01 时，相应的 h_2/h_1 分别为 0.15，0.06，0.003。

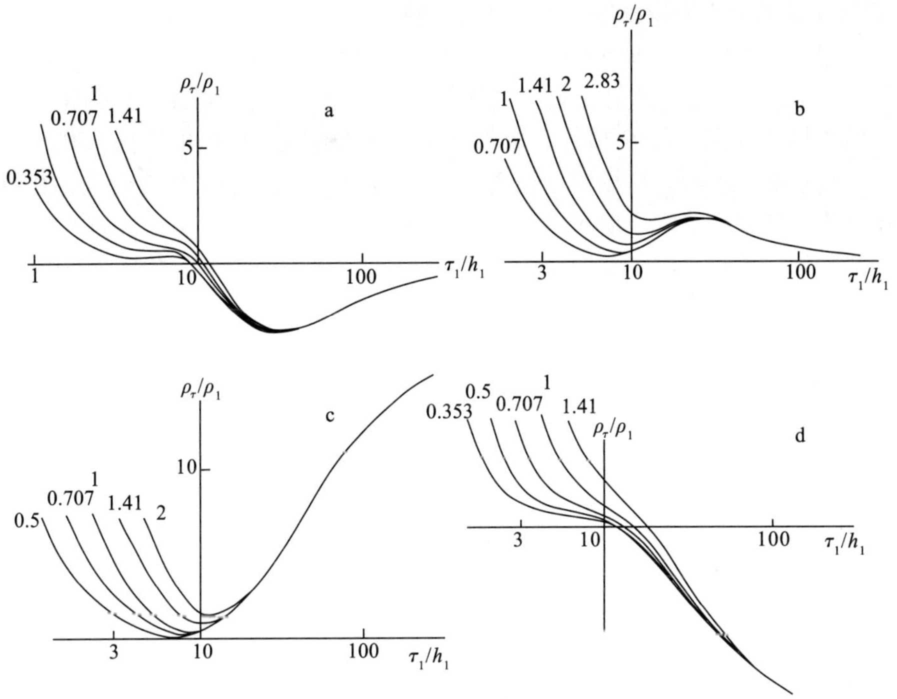

图 6－1－11　瞬变测深三层曲线（参数为 r/h_1）

a—$h-\frac{1}{8}-1\left(v_2=\frac{1}{2}\right)$；b—$l-8-1$（$v_2=2$）；c—$a-8-64$（$v_2=1$）；d—$q-\frac{1}{4}-\frac{1}{16}\left(v_2=\frac{1}{2}\right)$

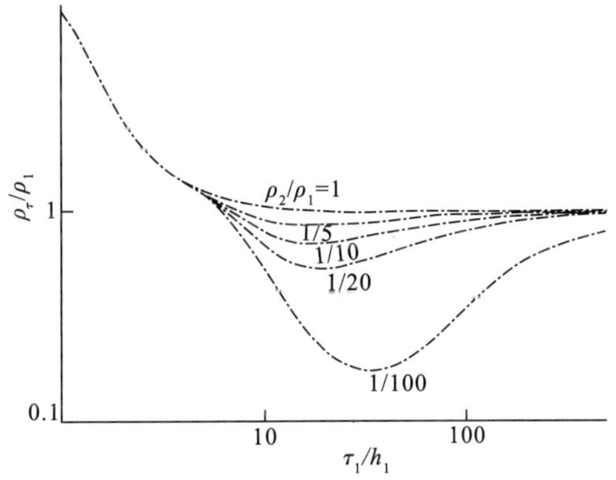

图 6－1－12　瞬变电磁测深晚期 ρ_τ 曲线对良导薄层的反应能力

$\rho_1=\rho_3$，$h_2=0.1h_1$，$\tau/h_1=1$

四、局部良导体的瞬变电磁响应

了解高阻介质中球体、水平圆柱体、板体等典型几何形状良导体的瞬变电磁响应是进行瞬变电磁剖面法勘探的理论基础。对这些局部良导体的瞬变电磁异常需要了解它的空间分布特征和时间特性。

1. 局部良导体的瞬变电磁响应过程及时间特性

为简便起见，考虑良导球体在阶跃磁场激发下的瞬变电磁响应过程（图6－1－13）。在一次场切断的瞬间，感应电流分布于球体表面，其分布状态恰好使球体内维持原先的一次场，此时为早期（图6－1－13a）。由于介质的欧姆损耗，感应电流立即开始衰减，由它产生的磁场也随之衰减。磁场的这种衰减又在球内层激发出新的感应电流，其结果是感应电流向球内扩散，此时为中期（图6－1－13b）。这个过程继续下去，直到球内感应电流分布趋于均匀，这时已进入晚期（图6－1－13c）。涡流及其产生的磁场开始按指数规律衰减，衰减的时间常数与球体的导电性和大小有关。

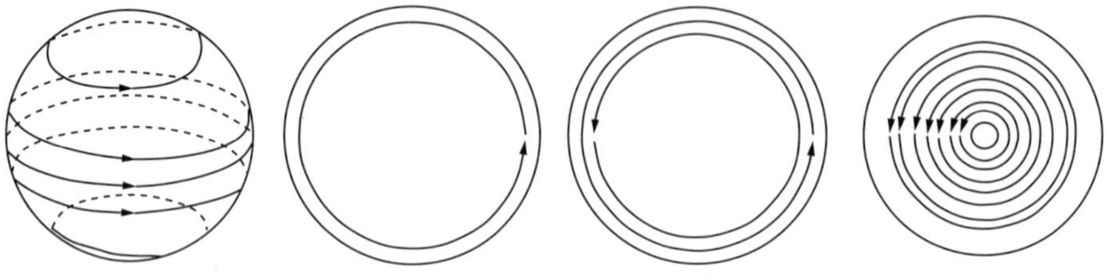

图6－1－13　各时间球体中的涡流分布状况

假设导电率为σ，半径为a，中心埋深为h的球体在中心回线装置正下方，在阶跃电流激发下，其瞬变电磁场产生的感应电压为

$$U(t)=\frac{3\mu_0 Ia^3}{\pi}\cdot\frac{R^2r^2}{(R^2+h^2)^{\frac{3}{2}}(r^2+h^2)^{\frac{3}{2}}}\sum_{j=1}^{\infty}e^{-\frac{j^2t}{\tau}} \qquad (6-1-29)$$

式中：R和r分别为发射回线和接收回线的等效半径；τ为时间常数，其表达式为$\tau=\mu_0\sigma a^2/\pi^2$。

不仅球体，其他形状的局部导电体的瞬变电磁场也都是按指数规律衰减的，其衰减时间常数均与导体的导电率以及几何尺寸有关。对于水平圆柱体，其时间常数为$\tau=1.8\mu_0\sigma a^2/\pi^2$。对于板状体，其时间常数为$\tau=a\mu_0 Sd$，$S$为板体的纵向电导，$d$为板体延深，$a$为与板体走向长度$b$有关的系数，其值在0.1～0.13之间。当$b=a$时，$a=0.l$；$b>3a$时，$a$接近0.13。

2. 局部导电体瞬变电磁异常的空间特性

如前所述，瞬变电磁场可视为不同频率成分的谐变电磁场的组合。当使用相同装置时，两者异常的空间分布也基本相同。因此，这里不再介绍与频率域电磁法相同装置的异常，而只介绍瞬变电磁法特有的同点装置的异常。

（1）球体和水平圆柱体上同点装置的异常特征

图6－1－14绘出了水平良导圆柱体上由物理模拟得到的多道U/I异常剖面曲线。

水平圆柱体的异常剖面曲线形态与球体相似，都是对称于圆柱中心或球心的单峰异常，只是异常宽度不同，而随时间衰减的速度也不同。实际工作中，一般根据异常的平面分布特征分辨两者的异常。

（2）导电薄板上同点装置的异常特征

导电薄板的异常形态和幅度与薄板的产状有关。图6－1－15为直立薄板上的多道U/I

异常剖面曲线，异常为对称于极体的双峰。在薄板正上方，虽然发、收回线距离板体最近，但它们与薄板的耦合很差，这时发射的磁力线平行于板面。因此，不能激发出感应电流，这样，便几乎没有瞬变电磁异常了。

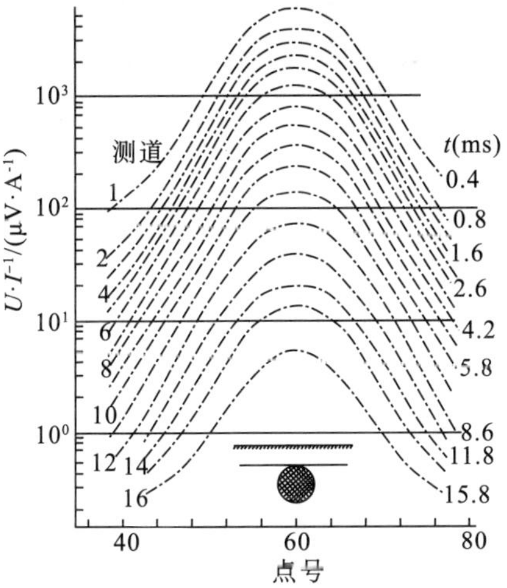

图 6-1-14　水平圆柱体瞬变电磁异常剖面曲线

铜柱：直径 8cm，长 41.7cm，$h=5$cm；

重叠回边长：10cm；点号间距为 4cm

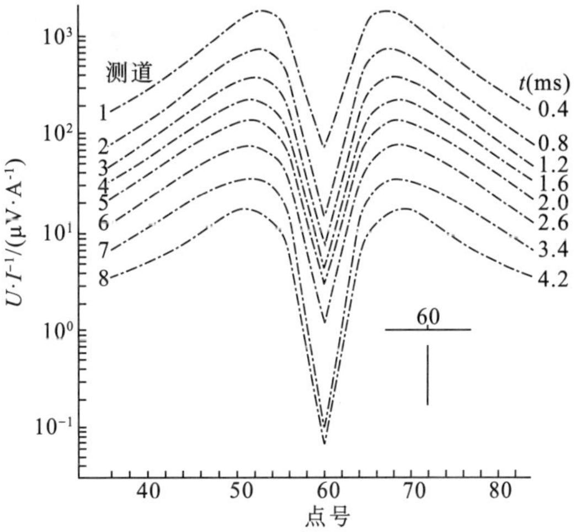

图 6-1-15　直立板瞬变电磁异常剖面曲线

铝板：70cm × 40cm × 0.1cm，$h=5$cm；

重叠回边长：10cm；点号间距为 4cm

倾斜薄板双峰异常的不对称程度与板状体的倾角有关。据物理模拟资料统计，倾角 α 与主峰次峰比值 a_1/a_2 的关系为 $\alpha = 90° - 22°\ln(a_1/a_2)$。当 $\alpha=0$ 时，异常成为对称于板中心的单峰异常，异常幅度最大，这是由于装置与板状体耦合增强且板状体平均埋深减小的缘故。

第二节　瞬电磁法的野外工作方法

一、常用装置及其特点

地面瞬变电磁法工作装置有多种，工程勘查中通常采用的有重叠回线和中心回线、分离回线、框-回线等装置，如图 6-2-1 所示。

1. 重叠回线和中心回线装置

如图 6-2-1a 所示，这两种装置的发射和接收回线中心点位置相同，故又称为同点装置。两种装置在各种形状地质体上的异常形态基本相同。由于大部分 TEM 仪器的供电和测量在时间上是分开的，因此发、收可以共用同一回线，称为共圈回线，回线一般敷设成正方形。中心回线装置同样采用正方形发射回线，用轻便的小型多匝接收回线置于发射回线中心观测。同点装置是频率域电磁法无法使用的装置，它与探测对象能达到最佳耦合，所得到的异常幅度大，形态简单，受旁侧影响小，横向分辨率高，是瞬变电磁法中最常采用的装置。由于是动源装置，发射磁矩受到限制，勘探深度一般只能达到数百米。当发射回线边长较大时，野外施工比较困难。

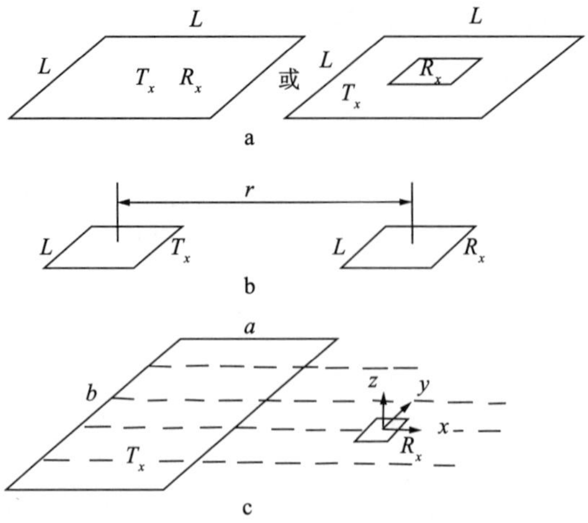

图 6－2－1　TEM 工作装置

2. 分离回线装置

装置形式如图 6－2－1b 所示，也称为偶极装置，与频率域电磁法的水平线圈法相似，发、收线圈保持固定间距在测线上移动。因为这种装置相对于同点装置来说，除在直立薄板上异常形态更简单（分离回线在直立薄板上的异常为负单峰，同点装置的异常为正双峰）外，其他方面均不如同点装置，因而采用较少。

3. 框－回线装置

如图 6－2－1c 所示，这种装置又称为大定源回线装置。发射回线采用边长数百米到 1000～2000m 的矩形回线，在回线内外布置测线，用小型线圈或探头沿测线观测。因发射回线固定，可以采用大功率的发送设备以便达到很大的供电电流，而且发射回线面积很大，因而能够提供很强的发射磁矩，有利于大深度探测。由于采用轻便的接收线圈，移动灵活，而且不仅可以测量 z 分量，也可以测量 x、y 分量。野外施工中，可用多台测量装置同时测量，因此，该装置工作效率高，探测深度大。其缺点是体积效应较强，框外测量易受集流效应影响。

二、工作装置和回线大小选择

1）工作装置的选择应根据勘探目的、施工条件和各种装置的特点等因素综合考虑决定。如果探测目标深度在数百米以内，要求达到较高的分辨率，围岩导电性较好（易产生集流效应）时，同点装置是首选对象。如果要进行较大深度的探测，或测区崎岖或有河谷等其他障碍使得铺设动源回线困难时，则应选择大回线定源装置。

2）回线边长的选择增大发射回线和接收回线边长，将会增强信号强度，并延长有效信号的持续时间，从而有利于加大探测深度。但两者的增大使野外工作难度增加，同时使测量结果受影响的范围扩大，从而降低了横向分辨率。此外，增大接收回线边长时，不仅增大了有效信号强度，也使干扰信号强度增大。因而，在保证预定勘探深度的情况下，一般都应选择尽可能小的回线边长。模拟实验结果和野外实例表明，同点装置可以有把握地探测到线性尺寸相当于回线边长、埋深为 2 倍回线边长的良导体。因此，采用同点装置时，应取回线边长等于或略大于 0.5 倍探测深度。采用框－回线装置时，大定源发送回线边长可等于或略大于拟探测深度。

第三节　野外工作布置和测量

一、工作布置

测区和测网选择及测地工作与其他物探方法相同，这里不再赘述，只介绍与瞬变电磁法野外数据采集有关的几个技术问题。

1. 回线布置

供电回线要采用电阻小、绝缘性能好的导线，一般要求每千米电阻小于6Ω，以便在有限的电源电压下可输出足够大的电流。

电线要按测地布设的点位铺设，若线架上剩有残余导线，应将其呈之字形铺于地面，以免电线缠绕产生强烈的感应信号。一切紧挨回线的金属物体都会产生强烈的干扰信号，高压电力线的强烈干扰信号甚至可能损害测量电路。因此，回线布设应避开所有金属物体，远离高压电力线。

2. 观测时间范围和叠加次数的选择

编写一个测区的工作设计时，往往需要根据所需探测深度和测区电阻率变化范围确定记录时间范围。从“烟圈”电流的扩散深度公式

$$d = \frac{4}{\sqrt{\pi}}\sqrt{t/\sigma\mu_0} = 2000\sqrt{\{\rho\}_{\Omega\cdot m}\{t\}_s} \quad (m) \qquad (6-3-1)$$

可推知TEM的探测深度正比于$\sqrt{\rho t}$。若假定探测深度相当于“烟圈”电流深度的一半，则可用

$$t_{min}(ms) \leqslant 10^{-3}\{h_{min}\}_m^2/\{\rho_{max}\}_{\Omega\cdot m} \qquad (6-3-2)$$

$$t_{max}(ms) \geqslant 10^{-3}\{h_{max}\}_m^2/\{\rho_{min}\}_{\Omega\cdot m} \qquad (6-3-3)$$

确定观测时间范围。式（6-3-2）和式（6-3-3）中t_{min}和t_{max}分别为最小延时和最大延时；h_{min}和h_{max}分别为要求的最小和最大探测深度；ρ_{min}和ρ_{max}为测区岩层的最低和最高电阻率。

一般说来，在实际工作中希望在尽可能宽的时间范围内记录到有用信号。但由于测量回路本身存在一定的过渡过程，使得观测的最小延迟时间不能太早。而测区干扰电磁场以及仪器噪声电平的存在又限制了观测的最大延迟时间。记录时间范围过宽，实际上晚期造的观测质量已不能保证。在一个测区工作前最好先做点试验工作。如果最后几道读数为噪声电平，说明有用信号都已记录下来了；如果最后几道读数超过噪声电平，就应增大观测时间范围。当然，选定了观测时间范围后，在实际观测中遇到衰减很慢的异常，应即时延长时间范围重复观测，使有用信号能被完整地记录下来。

为了压制测区的干扰电磁信号，提高观测资料的信噪比，现代的瞬变电磁仪大都采用了“累加平均”取数的技术。增加叠加次数可以降低记录数据中干扰噪声的水平，然而，增加叠加次数将增加观测时间，降低观测速度。叠加次数的选取应兼顾数据质量和观测速度。所选取的最小叠加次数应使高于仪器噪声电平的有用信号能以足够大的信噪比被记录下来。

3. 供电电流的确定

可根据所用装置及最大延时观测信号达到最低可分辨信号水平计算出供电电流。例如，对于重叠回线装置，从式（6－3－4）可得

$$I \geqslant \frac{\{\rho_{\tau\max}\}_{\Omega\cdot m}^{\frac{3}{2}} \{t_{\max}\}_{ms}^{\frac{3}{5}} \{U_{\min}\}_{\mu V}}{(6.32\times10^{-3})^{\frac{3}{2}} \{L\}_{m}^{4}} \quad (A) \qquad (6-3-4)$$

式中：I 为供电电流；$\rho_{\tau\max}$ 为测区预计最大电阻率；$t_{\max}$ 为对应予最大探测深度所要求的最大延时；$U_{\min}$ 为最低可分辨电压；L 为回线边长。

4. 噪声电平的观测

不同观测点的噪声电乎并不完全一致，为了确定各观测点晚期数据的观测精度，必须在每个测点上或相间几个测点上测量噪声电平，这种测量一般是采用将发射电流输出到匹配负荷的方法进行。噪声电平以下的数据已不可靠，仅供参考。图示时用虚线标出离差范围线，以示与正常数据的区别。

二、质量检查和评价

观测结果的质量取决于仪器设备状况、测区电磁干扰水平及工作方法等因素。为了保证观测质量，应按大于总测点数5%的数量布置检查观测工作，检查点应在测区范围内均匀分布，对异常地段、可疑点、突变点应重点检查。对于观测质量的评价，主要以下列几个方面为标准：

1）各个测点原始观测值与检查观测值的时间谱衰减规律应一致；

2）各个测点上多次重复观测值的符号、强度和时间谱衰减规律应一致；

3）干扰噪声电平以上各测道观测值的离差较小；

4）统计全区检查点的总均方相对误差要求小于20%。总均方相对误差的计算公式为

$$M = \sqrt{\sum_{i=1}^{m}\sum_{j=1}^{N}\left(\frac{V_{ij}-V'_{ij}}{V_{ij}+V'_{ij}}\right)^{2}/2mN} \times 100\% \qquad (6-3-5)$$

式中：M 为总均方相对误差；N 为参加统计的测道数；m 为检查点数；V'_{ij} 和 V_{ij} 分别为第 i 个测点第 j 测道的原始观测值和检查观测值。

第四节　瞬变电磁法的资料整理和解释

一、资料整理

1. 资料整理的内容

资料整理包括以下几个方面的内容：①传输打印野外观测数据；②检查验收原始记录数据、野外测点状况编录和仪器工作状态的记录；③对原始记录数据进行整理、编号、汇总装订，并编写索引和说明；④根据需要对数据进行滤波处理；⑤根据需要换算各种导出参数（如 τ_s，S_τ，h_τ，ρ_τ 等）。

2. 成果的图示

瞬变电磁法成果图一般有以下几种：①多道 U/I 或（dB/dt）$/I$ 剖面图；②ρ_τ 拟断面

图；③ρ_τ 曲线类型图；④$S_\tau - h_\tau$ 曲线类型图；⑤某些测道的 ρ_τ 或 U/I 平面等值线图。

当工作目的主要是探测局部导体时可不做第③、④种图件。而工作目的偏重于对大地分层时，则第③、④种图件是重要的基本图件。上述剖面性图件经常汇总在一起绘成综合剖面图，用来做综合解释。

二、资料解释

TEM 资料解释是根据工区的地质、地球物理特征分析 TEM 响应的时间特性和空间分布特征，确定地质构造的空间分布特点，例如，覆盖层厚度变化，垂向岩性分层和岩层的横向变化情况，断裂破碎带和其他感兴趣的局部地质构造目标的位置、形态、产状、规模、埋深等。和其他物探方法一样，对资料的定性分析和解释是资料解释中最重要和最基本的部分，定量解释一般都是在定性解释的基础上进行的。已有的一些简单实用的定量计算方法都是根据简单地电条件导出的，因此，计算结果实际上只能认为是半定量的，应用时应注意其局限性。

因 TEM 兼有剖面法和测深法两种性质，因此，大多数情况下，既要对整个工区或剖面进行偏重于剖面法的资料解释，又要对一部分测点的 TEM 响应的时间特性做测深资料解释。

1. 测深资料的解释

当需要划分岩层垂向分布或需要计算局部构造的深度时，一般要对 TEM 资料进行测深资料解释。

（1）定性解释

首先要确定各测点 ρ_τ 曲线类型（即地电断面类型），并结合地质及钻孔资料确定地电断面各电性层与地质层位的对应关系。然后再大致确定岩层厚度的横向变化，找出 ρ_τ 曲线类型在测区变化的规律，划分曲线类型发生变化的界线。首先要详细研究已知地段上的典型曲线，然后再联系整个测区的曲线变化规律分析单个测点的曲线。

（2）半定量解释

半定量解释就是要大致定量地计算地电断面各岩层的厚度和电阻率，常用的方法有两种：即利用 ρ_τ 曲线特征点及渐近线推断目标层参数；利用 S_τ、h_τ 参数推断目标层参数。前者是利用对理论 ρ_τ 曲线的研究成果，后者则是引用水平导电薄层理论，将层状大地各地层的影响等效为导电薄层的影响进行计算。下面简要介绍这一方法。

计算视纵向电导 S_τ 和视深度 h_τ 的公式为

$$S_\tau = \frac{16\pi^{\frac{1}{3}}}{(3mq)^{\frac{1}{3}}\mu_0^{\frac{4}{3}}} \cdot \frac{[U(t)]^{\frac{5}{3}}}{\left[\frac{\partial U(t)}{\partial t}\right]^{\frac{4}{3}}} \tag{6-4-1}$$

$$h_\tau = \left[\frac{3mq}{16\pi U(t) S_\tau}\right]^{\frac{1}{4}} - \frac{t}{\mu_0 S_\tau} \tag{6-4-2}$$

式中：m 为发送磁矩；q 为接收线圈的有效面积，等于接收线圈面积与匝数的乘积；$U(t)$ 为 t 时刻观测到的感应电压值。

图 6-4-1 和图 6-4-2 分别绘出了 K 型和 H 型地电断面上 $\rho_\tau - t$ 和 $S_\tau - t$ 的理论曲线。从图中可见，S_τ 曲线为上升曲线，对于高阻层，其上升斜率小；对于低阻层，其上

升斜率大。整条 S_τ 曲线近乎由几段与各层对应的折线组成。S_τ 曲线的转折点对应于 ρ_τ 曲线开始受下层影响的时刻。不难看出，S_τ 曲线能较直观地反映电性层的垂向变化。

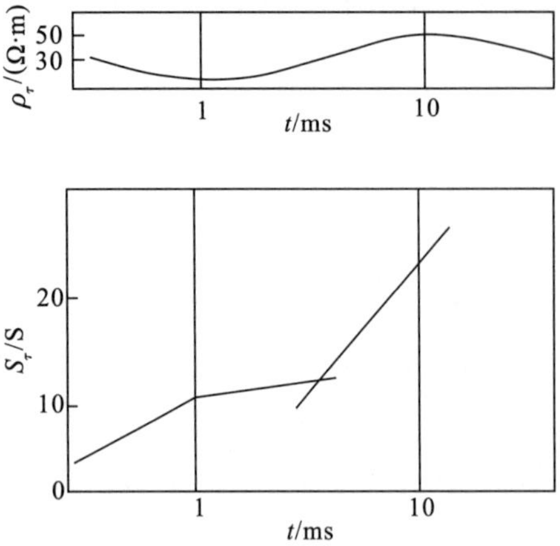

图 6-4-1　K 型地电断面上 ρ_τ 和 S_τ 理论曲线

$h_1 = 2000m$，$h_2 = 300m$，$\rho_1 = 300\Omega\cdot m$

$\rho_2 = 200\Omega\cdot m$，$\rho_3 = 30\Omega\cdot m$

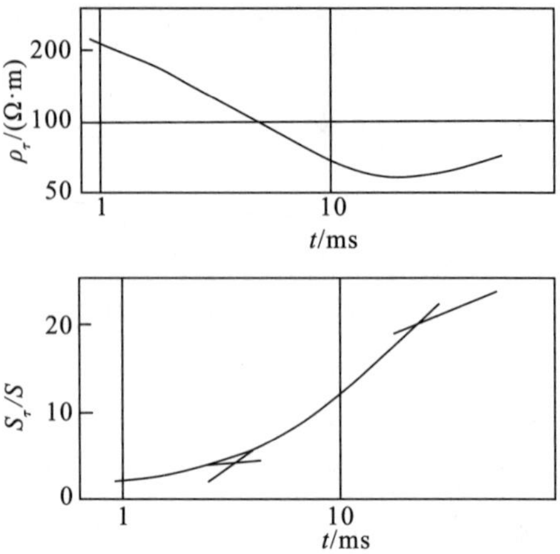

图 6-4-2　H 型地电断面上 ρ_τ 和 S_τ 理论曲线

$h_1 = 390m$，$h_2 = 550m$，$\rho_1 = 200\Omega\cdot m$

$\rho_2 = 30\Omega\cdot m$，$\rho_3 = 500\Omega\cdot m$

$S_\tau - t$ 曲线还没有将 S_τ 与深度联系起来，为此，绘成 $S_\tau - h_\tau$ 曲线，如图 6-4-3 所示。从图中可见，S_τ 曲线的转折点对应的 h_τ 和 S_τ 值可以划分各岩层的视深度和视纵向电导。但这样得到的视纵向电导和视深度与真纵向电导和真深度有一定的偏差。对于 H 型断面，反演得到的视纵向电导偏大，深度偏小。因此，还需要根据断面类型对求得的视纵向电导和视深度进行校正，方法是：对测区部分测点的 ρ_τ 曲线进行数字反演拟合，利用反演得到的层参数正演计算及 $S_\tau - h_\tau$ 理论曲线，从理论曲线上确定各岩层的视纵向电导和视深度，再与真实值比较，求得校正系数。

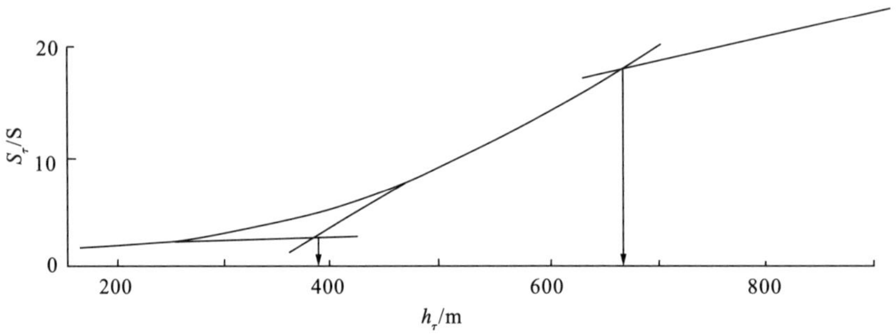

图 6-4-3　H 型断面的 S_τ 响应曲线

$h_1 = 390m$，$h_2 = 550m$，$\rho_1 = 200\Omega\cdot m$，$\rho_2 = 30\Omega\cdot m$，$\rho_3 = 500\Omega\cdot m$

应该指出：① S_τ 的计算中要用到 $\dfrac{\partial U(t)}{\partial t}$，当 $U(t)$ 存在一定的观测误差时，会使 S_τ 曲线发生严重畸变，因此，使用这种方法应保证观测数据的质量；②对于电性差异较小的地电断面，尤其是 A、Q 型断面，$S_\tau - h_\tau$ 曲线的转折点不太清晰，因此，应用效果较差。

通过半定量解释对各测点下方的岩层做了垂向分层后，将相邻测点对应岩层连接起来，便可大体了解岩层的横向变化情况。应该注意的是，在岩层横向变化剧烈时，因地电条件偏离水平层状模型甚远，因而计算结果将受到严重影响，在岩层横向变化平缓处，计算结果就比较可靠。

（3）定量解释

目前对 TEM 资料的定量解释，一般是用定性和半定量解释给出的层参数为初值，用一维层状大地模型计算出理论曲线，再与野外实测曲线进行对比，然后不断修改层参数，使理论曲线与野外实测曲线拟合，最后将理论模型的层参数作为实测曲线的解释层参数。将不同测点一维定量解释得到的相应岩层连接起来，便得到二维地电断面。

曲线拟合过程中人为修改层参数的称为正演拟合，由计算机自动修改层参数的称为自动反演。目前各厂家出售的瞬变电磁仪一般都配有可在微机上运行的一维解释软件。方便有效的 TEM 二维和三维解释是正在研究的课题。因二维和三维正演计算需要大量的计算机内存和运行时间，还不宜在微机上运行，目前只在理论研究中使用。

2. 剖面资料解释

进行剖面资料解释时，重点就是要获得局部良导地质构造的性质、位置、形态、产状、规模和埋深等信息。

（1）异常的划分

剖面资料解释的第一步就是要划分异常。异常是相对背景而言的，要划分异常，首先就要确定背景场。背景场的确定应在覆盖层厚度均匀、基岩完整区进行。背景区的瞬变电磁响应一般具有衰减迅速、在相当大的范围内比较稳定的特点。其次划分异常，异常的数据必须可靠，应在连续几个测点的多道有不低于3倍噪声电平的显示。一般利用多道 U/I 曲线或 ρ_τ 拟断面图划分异常。

划分出局部异常后，接着应划分异常类别。应结合测区地质和地形地物情况排除浅部干扰体（如金属管道等）异常和地质噪声，筛选出有意义的异常，并确定异常的性质。

（2）异常的半定量解释

划分出有意义的异常后，应根据测区地质情况以及异常的空间和时间分布特点确定异常体的形状、规模、埋深等。在可能的情况下，还应确定异常体的电性参数。

A. 局部导体异常的视时间常数

如前所述，不同形状局部导体的晚期瞬变电磁场都具有指数衰减特性，因而可用式（6－4－3）求出异常体的视时间常数：

$$\tau_s = \frac{t_i - t_j}{\ln[U(t_j)/U(t_i)]} \qquad (6-4-3)$$

式中：τ_s 为待求的视时间常数；t_i和 t_j分别为不同的采样时间；$U(t_i)$ 和 $U(t_j)$ 分别为对应时间的观测电压。

算得 τ_s 后，可根据所确定的异常体形状，按式（6－4－4）和式（6－4－5）计算球体和圆柱体的 σa^2 值：

$$\sigma a^2_{球} = 7900\ \{\tau_s\}_{ms} S \cdot m^2 \qquad (6-4-4)$$

$$\sigma a^2_{柱} = 4400\ \{\tau_s\}_{ms} S \cdot m^2 \qquad (6-4-5)$$

式中：σ 为导电率；a 为球或圆柱的半径；S 为纵向电导；m 为磁矩。对平板状体，可按图 6－4－4 所示的 $\tau - S$ 量板求出极状体的纵向电导。该量板适用于回线边长与极化体长、宽比值小于 1∶3 的情况。

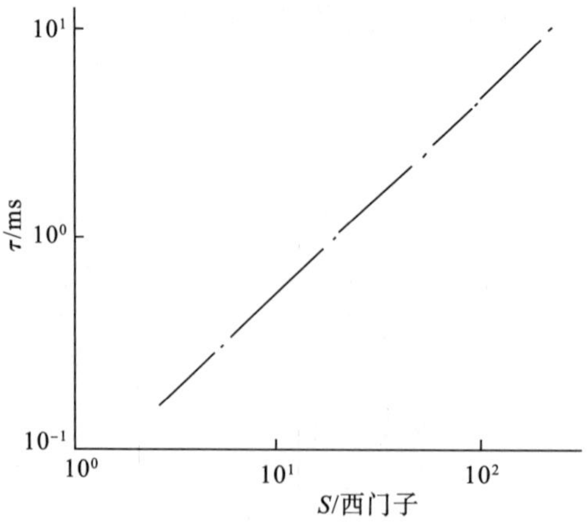

图 6-4-4　$\tau-S$ 量板

B. 计算板体倾角

对于同点装置的板状体异常，可根据双峰异常的两峰值比值，用主峰次峰比值 a_1/a_2 来估算板状体倾角，$a=90°-22°\ln(a_1/a_2)$。

C. 计算异常体埋深

一般取异常峰值点的数据计算异常体埋深。可以将该点 ρ_τ 曲线做水平层状大地模型拟合，将求得的相应于异常的低阻层埋深作为异常体埋深。也可以利用“烟圈”电流深度公式，取探测深度为“烟圈”电流深度的某一比例来估算异常体埋深：

$$h_m = a \cdot 2000\sqrt{\{\rho_\tau(t)\}_{\Omega\cdot m}\{t\}_s} \qquad (6-4-6)$$

式中：h 为待求异常体埋深；t 为异常开始出现的时间；$\rho_\tau(t)$ 为对应予该时间的视电阻率；a 为探测深度相对于“烟圈”电流深度的比例系数，一般取 0.5 左右。还可用前面介绍的 h_τ 计算公式，计算异常开始出现时对应的 h_τ，将其作为异常体的推断深度。

第七章　频率域电磁测深法

天然存在的大地电磁场及人工建立的电磁场均属交变电磁场，它们在地中的分布与传播都遵循麦克斯韦方程和波动方程并满足相应的边界条件。只是前者的激励场源对地球而言为垂直入射的平面电磁波，后者的激励场源则有多种形式，如电偶极子源、磁偶极子源和不接地回线源等，并且发射的一次场又有谐变（频率域）和瞬变（时间域）之分。下面我们就来讨论人工建立的谐变电磁场（朴化荣，1990）和人工场源频率域电磁法的原理，并在此基础上重点介绍可控源音频大地电磁测深法及其在地热探测中的应用。

第一节　均匀大地表面谐变偶极子场源的电磁场

一、均匀大地表面谐变电偶极子场源的电磁场

1. 矢量位表达式

在均匀大地表面研究交变电偶极子场源的正常电磁场是电法勘探的重要理论基础，也是人工场源频率测深法的基础。接地电极 AB 长度小于该中心到观测点之间距离 3 ~5 倍，在观测点处的场可近似认为为偶极子场。

设在两种介质分界面上 h 高度沿 x 方向有长度为 L 的电偶极子，其中电流按负谐时变化，即 $I = I_0 e^{-i\omega t}$ 。坐标原点在偶极子中心。z 轴朝下，则需求解赫姆霍兹方程：$\nabla^2 \boldsymbol{A} - k^2 \boldsymbol{A} = 0$。

很明显，相对于通过偶极子的铅垂面来说是对称的，所以除了 x 方向的矢量位分量之外，还出现 z 方向分量。也就是说分界面的影响不仅改变 A_x 分量，且破坏场在 z 方向的对称性，故出现矢量位的感应分量 A_z。赫姆霍兹方程在柱坐标下可写为

$$\frac{\partial^2 A}{\partial r^2} + \frac{1}{r}\frac{\partial A}{\partial r} + \frac{1}{r^2}\frac{\partial^2 A}{\partial \varphi^2} + \frac{\partial^2 A}{\partial z^2} - k^2 A = 0 \qquad (7-1-1)$$

式中：A 为矢量位 $\boldsymbol{A}$ 的 x 或 z 分量；$k = \sqrt{-i\omega\sigma\mu}$，其中，$\omega$ 为圆频率，σ 为电导率，μ 为磁导率。

利用分离变量法求解的通解

$$A = \sum_{n=0}^{\infty} \cos n\varphi \int_0^{\infty} (C_1 e^{uz} + C_2 e^{-uz}) J_n(\lambda r) d\lambda \qquad (7-1-2)$$

式中：$u = \sqrt{\lambda^2 + k^2}$ ，$r = \sqrt{x^2 + y^2}$ 。由于 $\sin n\varphi$ 的奇函数性质，故式（7－1－2）中并未出现。当频率趋于 0 时，矢量位 $\boldsymbol{A}$ 的解应转变为直流电场的情形，这样当 $n=0$ 时式（7－1－2）可以写成

$$A_x = \frac{p_E}{4\pi}\int_0^{\infty} e^{\mp \lambda z} J_0(\lambda r) d\lambda \qquad (7-1-3)$$

当 $n=1$ 时，式（7－1－2）可以写成

$$A_z = \frac{p_E}{4\pi}\cos\varphi\int_0^{\infty}e^{\mp\lambda z}J_1(\lambda r)d\lambda \tag{7-1-4}$$

式中：$p_E = IL$，I 为电流，L 为偶极子的长度。

在上半空间（$k=k_0$）

$$A_{x0} = \frac{p_E}{4\pi}\frac{e^{-k_0R}}{R} + \int_0^{\infty}C_1e^{u_0z}J_0(\lambda r)d\lambda \tag{7-1-5}$$

$$A_{z0} = \frac{p_E}{4\pi}\cos\varphi\int_0^{\infty}C_2e^{u_0z}J_1(\lambda r)d\lambda \tag{7-1-6}$$

在下半空间（$k=k_1$）

$$A_{x1} = \frac{p_E}{4\pi}\int_0^{\infty}C_3e^{-u_1z}J_0(\lambda r)d\lambda \tag{7-1-7}$$

$$A_{z1} = \frac{p_E}{4\pi}\cos\varphi\int_0^{\infty}C_4e^{-u_1z}J_1(\lambda r)d\lambda \tag{7-1-8}$$

式中：$R=\sqrt{r^2+z^2}$，C_1 到 C_4 为积分常数，由下面的边界条件来确定。当 $z=h$ 时

$$\left.\begin{aligned} A_{z0} &= A_{z1}\frac{1}{k_0^2}\nabla\cdot A_0 = \frac{1}{k_0^2}\nabla\cdot A_1 \\ \mu_0A_{x0} &= \mu_1A_{x1}\frac{\partial A_{x0}}{\partial_z} = \frac{\partial A_{x1}}{\partial_z} \end{aligned}\right\} \tag{7-1-9}$$

设 $\mu_0=\mu_1$，索末菲积分：

$$S = \frac{e^{-kR}}{R} = \int_D^{\infty}\frac{\lambda}{u}e^{-uz}J_0(\lambda r)d\lambda z > 0 \tag{7-1-10}$$

故由第一、第三、第四边界条件给出

$$\left.\begin{aligned} C_2e^{u_0h} &= C_4e^{-u_1h} \\ \frac{p_E}{4\pi}\frac{\lambda}{u_0}e^{-u_0h} + C_1e^{u_0h} &= C_3e^{-u_1h} \\ -\frac{p_E}{4\pi}\lambda e^{-u_0h} + C_1u_0e^{u_0h} &= -C_3u_1e^{-u_1h} \end{aligned}\right\} \tag{7-1-11}$$

利用第二边界条件，首先计算散度，然后得出

$$-\frac{p_E}{4\pi}\frac{\lambda^2}{k_0^2u_0}e^{-u_0h} - C_1\frac{\lambda^2}{k_0^2}e^{-u_0h} + C_2\frac{u_0}{k_0^2}e^{u_0h} = -C_3\frac{\lambda}{k_1^2}e^{-u_1h} - C_4\frac{u_1}{k_1^2}e^{-u_1h} \tag{7-1-12}$$

当 $h=0$，即在地面上

$$\left.\begin{aligned} C_2 &= C_4 \\ C_1 - C_2 &= \frac{p_E}{4\pi}\frac{\lambda}{u_0} \\ C_1u_0 + C_3u_1 &= \frac{p_E}{4\pi}\lambda \\ -C_1\frac{\lambda}{k_0^2} + C_2\frac{u_0}{k_0^2} + C_3\frac{\lambda}{k_1^2} + C_4\frac{u_1}{k_1^2} &= \frac{p_E}{4\pi}\frac{\lambda^2}{k_0^2u_0} \end{aligned}\right\} \tag{7-1-13}$$

解上述方程组得

$$\left.\begin{aligned}C_1&=\frac{p_E}{4\pi}\frac{\lambda}{\mu_0}\frac{u_0-u_1}{u_0+u_1}\\ C_2&=\frac{2p_E}{4\pi}\lambda\frac{1}{u_0+u_1}\\ C_3=C_4&=\frac{2p_E}{4\pi}\frac{\lambda^2(k_1^2-k_0^2)}{(u_0+u_1)(k_1^2u_0+k_0^2u_1)}\end{aligned}\right\}\tag{7-1-14}$$

当上半空间为空气介质时，即 $k_0=0$，在上半空间（$z<0$）中有

$$A_{x0}=\frac{2p_E}{4\pi}\int_0^\infty\frac{\lambda}{\lambda+u_1}e^{\lambda z}J_0(\lambda r)d\lambda\tag{7-1-15}$$

$$A_{z0}=\frac{2p_E}{4\pi}\cos\varphi\int_0^\infty\frac{\lambda}{\lambda+u_1}e^{\lambda z}J_1(\lambda r)d\lambda\tag{7-1-16}$$

在下半空间（$z>0$）中有

$$A_{x1}=\frac{2p_E}{4\pi}\int_0^\infty\frac{\lambda}{\lambda+u_1}e^{-u_1z}J_0(\lambda r)d\lambda\tag{7-1-17}$$

$$A_{z1}=\frac{2p_E}{4\pi}\cos\varphi\int_0^\infty\frac{\lambda}{\lambda+u_1}e^{-u_1z}J_1(\lambda r)d\lambda\tag{7-1-18}$$

为了上述4个积分式，利用索末菲积分和福斯特积分

$$Q=\int_0^\infty\frac{1}{u_1}e^{\pm u_1z}J_0(\lambda r)d\lambda=I_0\left[\frac{k_1}{2}(R-z)\right]K_0\left[\frac{k_1}{2}(R+z)\right]\tag{7-1-19}$$

将式（7-1-17）改造为

$$\begin{aligned}A_{x1}=&\frac{2p_E}{4\pi}\int_0^\infty\frac{\lambda(\lambda-n)}{\lambda^2-u_1^2}e^{-u_1z}J_0(\lambda r)d\lambda=\\&-\frac{2p_E}{4\pi}\int_0^\infty(\lambda^2-k_1^2+k_1^2-\lambda u_1)e^{-u_1z}J_0(\lambda r)d\lambda=\\&-\frac{2p_E}{4\pi k_1^2}\left[\int_0^\infty u_1^2c^{-u_1z}J_0(\lambda r)d\lambda-k_1^2\int_0^\infty e^{-u_1z}J_0(\lambda r)d\lambda-\int_0^\infty\lambda u_1e^{-u_1z}J_0(\lambda r)d\lambda\right]=\\&\frac{2p_E}{4\pi k_1^2}\left[\frac{\partial Q}{\partial z^3}-k_1^2\frac{\partial Q}{\partial z}+\frac{\partial^2S}{\partial z^2}\right]\end{aligned}\tag{7-1-20}$$

将式（7-1-18）改为

$$\begin{aligned}A_{z1}=&-\frac{2p_E}{4\pi}\cos\varphi\frac{\partial}{\partial r}\int_0^\infty\frac{1}{\lambda+u_1}e^{-u_1z}J_0(\lambda r)d\lambda=\\&-\frac{2p_E}{4\pi}\frac{\partial}{\partial x}\int_0^\infty\frac{\lambda-u_1}{\lambda^2-u_1^2}e^{-u_1z}J_0(\lambda r)d\lambda=\\&\frac{2p_E}{4\pi k_1^2}\frac{\partial}{\partial x}\left[\int_0^\infty\lambda e^{-u_1z}J_0(\lambda r)d\lambda-\int_0^\infty u_1e^{-u_1z}J_0(\lambda r)d\lambda\right]=\\&-\frac{2p_E}{4\pi k_1^2}\left[\frac{\partial^2S}{\partial x\partial z}+\frac{\partial^3Q}{\partial x\partial z^2}\right]\end{aligned}\tag{7-1-21}$$

在式（7-1-21）的推导中利用了关系式

$$
\left.\begin{aligned}
\frac{\partial r}{\partial x} &= \frac{x}{r} = \cos\varphi \\
\frac{\partial}{\partial r}[J_0(\lambda r)] &= -\lambda J_1(\lambda r)
\end{aligned}\right\} \tag{7-1-22}
$$

由式（7－1－19）和式（7－1－20）得出矢量位表达式

$$
A_{x1} = \frac{p_E}{4\pi}\left\{\left[\frac{1}{k_1}\frac{(R+z)(R^2-3z^2)}{R^5} + k_1\frac{z(R^2-z^2)}{R^3}\right]I_0K_1 + \right.
$$

$$
\left[\frac{1}{k_1}\frac{(R-z)(R-3z^2)}{R^5} - k_1\frac{z(R^2-z^2)}{R^3}\right]I_1K_0 + \frac{z(R^2-3z^2)}{R^4}I_0K_0 - \frac{3z(R^2-z^2)}{R^3}I_1K_1 +
$$

$$
\left.\frac{2}{k_1^2}\left(\frac{-k_1R-1}{R^3} + z^2\frac{3+3k_1R+k_1^2R^2}{R^5}\right)e^{-k_1R}\right\}
$$

$$
A_{z1} = \frac{p_E}{4\pi}\left\{-\frac{2xz}{k_1^2}\frac{3+3k_1R+k_1^2R^2}{R^5}e^{-k_1R} + \left[\frac{1}{k_1}\frac{3xz(R+z)}{R^5} + k_1\frac{xz^2}{R^3}\right]I_0K_1 - \right.
$$

$$
\left.\left[\frac{1}{k_1}\frac{3xz(R-z)}{R^5} - k_1\frac{xz^2}{R^3}\right]I_1K_0 + \frac{3xz^2}{R^4}I_0K_0 + \frac{x(2R^2-3z^2)}{R^4}I_1K_1\right\} \tag{7-1-23}
$$

由式（7－1－20）和式（7－1－21）得出

$$
\nabla\cdot A_1 = \frac{\partial A_{x1}}{\partial x} + \frac{\partial A_{z1}}{\partial z} = -2\frac{p_E}{4\pi}\frac{\partial^2 Q}{\partial x\partial z} =
$$

$$
-\frac{p_E}{4\pi}k_1\left[\frac{x(R-z)}{R^3}I_1K_0 + \frac{x(R+z)}{R^3}I_0K_1\right] - \frac{p_E}{4\pi}k_1 - \frac{xz}{R^2}(I_0K_0 + I_1K_1) \tag{7-1-24}
$$

在大地表面，即 $z=0$，可以简化为

$$
A_{x1} = \frac{p_E}{4\pi k_1}\frac{1}{r^2}(I_0K_1 + I_1K_0) - \frac{2p_E}{4\pi k_1^2}\frac{1+k_1r}{r^3}e^{-k_1r} \tag{7-1-25}
$$

$$
A_{z1} = \frac{p_E}{4\pi}\frac{2x}{r^2}I_1K_1 \tag{7-1-26}
$$

$$
\nabla\cdot A_1 = -\frac{p_E}{4\pi}k_1\frac{x}{r^2}(I_0K_1 + I_1K_0) \tag{7-1-27}
$$

当 $z=0$ 时，I_0、I_1、K_0、K_1 的变量相等，且等于$\frac{k_1}{2}r$，考虑到 $I_0K_1 + I_1K_0 = \frac{2}{k_1r}$，可以将式（7－1－25）～式（7－1－27）分别写成

$$
A_{x1} = \frac{2p_E}{4\pi r^3k_1^2}[1-(1+k_1r)e^{-k_1r}] \tag{7-1-28}
$$

$$
A_{z1} = \frac{2p_E}{4\pi r^2}xI_1K_1 \tag{7-1-29}
$$

$$
\nabla\cdot A_1 = -\frac{2p_E}{4\pi r^3}x \tag{7-1-30}
$$

2. 地面电磁场的表达式

求解电场和磁场在地面上的各个分量

$$\left.\begin{aligned} E &= i\omega u\left(A_{x1} - \frac{1}{k_1^2}\frac{\partial}{\partial x}\nabla\cdot A_1\right) \\ E_x &= -i\omega u\frac{1}{k_1^2}\frac{\partial}{\partial y}\nabla\cdot A_1 \end{aligned}\right\} \tag{7-1-31}$$

有式（7－1－31）以及式（7－1－28）和式（7－1－30）得出

$$E_x = \frac{p_E\rho_1}{2\pi r^3}[3\cos\varphi^2 - 2 + (1 + k_1 r)e^{-k_1 r}] \tag{7-1-32}$$

$$E_y = \frac{3p_E\rho_1}{2\pi r^3}\sin\varphi\cos\varphi \tag{7-1-33}$$

由 $\boldsymbol{H} = \nabla \times \boldsymbol{A}$ 得

$$\left.\begin{aligned} H_x &= \frac{\partial A_{x1}}{\partial y} = \frac{y}{r}\frac{\partial A_{z1}}{\mathrm{d}r} \\ H_y &= \frac{\partial A_{x1}}{\partial z} = \frac{\partial A_{z1}}{\mathrm{d}x} \\ H_z &= \frac{\partial A_{x1}}{\partial y} = -\frac{y}{r}\frac{\partial A_{x1}}{\mathrm{d}r} \end{aligned}\right\} \tag{7-1-34}$$

再结合上述几个式子从而得到

$$H_x = -\frac{p_E}{4\pi r^3}\sin\varphi\cos\varphi[8I_1K_1 - k_1 r(I_0K_1 - I_1K_0)] \tag{7-1-35}$$

$$H_y = \frac{p_E}{4\pi r^2}(1 - 4\sin^2\varphi)I_1K_1 + \frac{k_1 r}{2}\sin^2\varphi(I_0K_1 - I_1K_0) \tag{7-1-36}$$

$$H_z = -\frac{p_E}{2\pi r^4 K_1^2}\sin\varphi[(3 + 3k_1 r + k_1^2 r^2)e^{-k_1 r} - 3] \tag{7-1-37}$$

式中：I_0、K_0、I_1、K_1 为零阶和一阶的第一类和第二类修正贝赛尔函数，其宗量 $k_1r/2$，r 为收发距；$k_1 = \sqrt{-i\omega\mu\sigma_1}$；$p_E = IAB$，为电偶极矩；$\varphi$ 为 r 方向与 x 轴的夹角。

$$\left.\begin{aligned} I_0(z) &= \sum_{k=0}^{\infty}\frac{1}{(k!)}2\left(\frac{z}{2}\right)^{2k} \\ I_1(z) &= \sum_{k=0}^{\infty}\frac{1}{(k!)(k+1)!}\left(\frac{z}{2}\right)^{2k+1} \\ K_0(z) &= \sum_{k=0}^{\infty}\frac{1}{(k!)^2}\left[\varphi(k+1) - \ln\left(\frac{z}{2}\right)\right]\left(\frac{z}{2}\right)^{2k} \\ K_1(z) &= \frac{1}{z} + \sum_{k=0}^{\infty}\frac{1}{(k!)(k+1)!}\left[\ln\left(\frac{z}{2}\right) - \frac{1}{2}\varphi(k+2) - \frac{1}{2}\varphi(k+1)\right]\left(\frac{z}{2}\right)^{2k+1} \end{aligned}\right\} \tag{7-1-38}$$

当 $z \leqslant 7$ 时，式中 $\varphi(1) = -y = -0.577215665$，为欧拉常数，

$$\left.\begin{aligned} \varphi(z+1) &= \varphi(z) + \frac{1}{z} \\ \varphi(z+n) &= \varphi(z) + \sum_{r=0}^{n-1}\frac{1}{z+r} \end{aligned}\right\} \tag{7-1-39}$$

当 $z > 7$ 时利用以下渐进展开式

$$\left.\begin{aligned} I_0(z) &= \frac{e^x}{\sqrt{2\pi z}}\left(1+\frac{1}{8z}+\frac{9}{128z^2}-\cdots\right) \\ I_1(z) &= \frac{e^z}{\sqrt{2\pi z}}\left(1-\frac{3}{8z}-\frac{15}{128z^2}\right) \\ K_0(z) &= \sqrt{\frac{\pi}{2^z}}e^{-x}\left(1-\frac{1}{8z}+\frac{9}{128z^2}+\cdots\right) \\ K_1(z) &= \sqrt{\frac{\pi}{2^z}}e^{-z}\left(1+\frac{3}{8z}-\frac{15}{128z^2}+\cdots\right) \end{aligned}\right\} \tag{7-1-40}$$

二、均匀大地表面谐变磁偶极子场源的电磁场

1. 谐变电磁场矢量位的解

设波数为 k_0、k_1 为两种均匀介质水平分界面上 h 处有垂直磁偶极子（水平线圈）。柱坐标系的源点在偶极子中心，z 轴向下为正，图 7－1－1 矢量位应满足如下基本方程

$$\left.\begin{aligned} \nabla^2 \boldsymbol{A}^* - k^2 \boldsymbol{A}^* &= 0 \\ \boldsymbol{E} &= \nabla \times \boldsymbol{A}^* \\ \boldsymbol{H} &= -i\omega\varepsilon(\boldsymbol{A}^* - \nabla\nabla\cdot \boldsymbol{A}^*/k^2) \end{aligned}\right\} \tag{7-1-41}$$

式中：$k^2 = -i\omega\mu\sigma - \omega^2\varepsilon\mu$。

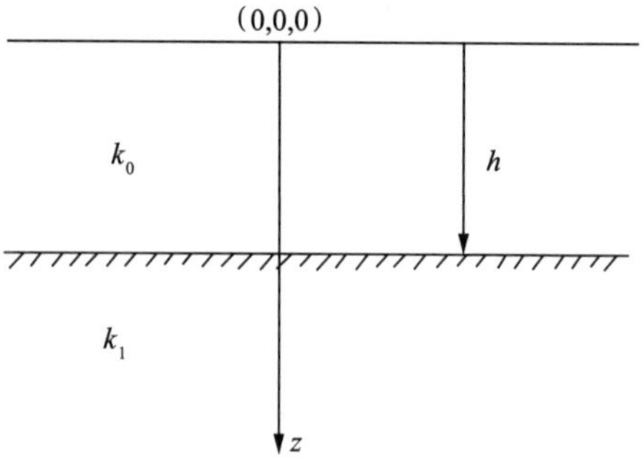

图 7－1－1　半空间地电模型图

由于问题具有对称性，因此在柱坐标系下的赫姆霍兹方程为

$$\frac{\partial^2 A_z^*}{\partial r^2} + \frac{1}{r}\frac{\partial A_z^*}{\partial r} + \frac{\partial^2 A_z^*}{\partial z^2} - k^2 A_z^* = 0 \tag{7-1-42}$$

利用分离变量法解式（7－1－42），当 $A_z^*(r,z) = R(r)Z(z)$ 时，

$$Z(z) = \alpha e^{uz} + \beta e^{-u\beta} R(\gamma) = \gamma J_0(\lambda\gamma) + \delta J_0(\lambda\gamma) \tag{7-1-43}$$

通解为

$$A_z^* = \int_0^\infty (F e^{uz} + D e^{-uz}) J_0(\lambda\gamma)\mathrm{d}\lambda \tag{7-1-44}$$

式中：$u = \sqrt{\lambda^2 + k^2}$。

考虑到全空间中矢量位的解，在水平界面上、下介质中可分别写出（省略角标 z）

$$
\left.\begin{aligned}
A_0^* &= C\frac{e^{-k_0R}}{R} + \int_0^\infty Ce^{u_0z}J_0(\lambda r)\mathrm{d}\lambda \quad 0 < z \leqslant h \\
A_1^* &= \int_0^\infty C_2 e^{-u_1z}J_0(\lambda r)\mathrm{d}\lambda \quad z \geqslant h
\end{aligned}\right\} \tag{7-1-45}
$$

利用索末菲积分将式（7－1－45）写为

$$
\left.\begin{aligned}
A_0^* &= C\int_0^\infty \frac{\lambda}{u_0}e^{-u_1z}J_0(\lambda r)\mathrm{d}\lambda + \int_0^\infty C_1 e^{u_1z}J_0(\lambda r)\mathrm{d}\lambda \\
A_1^* &= \int_0^\infty C_2 e^{-u_1z}J_0(\lambda r)\mathrm{d}\lambda
\end{aligned}\right\} \tag{7-1-46}
$$

式中：$C = i\omega\mu\frac{p_M}{4\pi}$，$p_M = ISN$。

由边界条件有

$$
\left.\begin{aligned}
A_{z0}^* &= A_{z1}^* \\
\frac{\partial A_{z0}^*}{\partial z} &= \frac{\partial A_{z1}^*}{\partial z}
\end{aligned}\right\} \tag{7-1-47}
$$

由此可以求解出积分常数

$$
\left.\begin{aligned}
C_1 &= C\frac{\lambda}{u_0}\frac{u_0 - u_1}{u_0 + u_1}e^{-2u_0h} \\
C_2 &= C\frac{2\lambda}{u_0 + u_1}e^{(u_1-u_0)h}
\end{aligned}\right\} \tag{7-1-48}
$$

从而得到

$$
\left.\begin{aligned}
A_0^* &= C\left[\frac{e^{-k_0R}}{R} + \int_0^\infty \frac{\lambda}{u_0}\frac{u_0 - u_1}{u_0 + u_1}e^{-2u_0h}e^{u_0z}J_0(\lambda r)\mathrm{d}\lambda\right] \\
A_1^* &- C\int_0^\infty \frac{2\lambda}{u_0 + u_1}e^{(u_1-u_0)h}e^{-u_1z}J_0(\lambda r)\mathrm{d}\lambda
\end{aligned}\right\} \tag{7-1-49}
$$

我们对地表以上的二次场感兴趣，考虑到 $k_0 = 0$ 时，其表达式为

$$
A_{02}^* - C\int_0^\infty \frac{\lambda - u_1}{\lambda + u_1}e^{-2h\lambda}e^{\lambda z}J_0(\lambda r)\mathrm{d}\lambda \tag{7-1-50}
$$

二次磁场水平分量为

$$
H_{2r} = \frac{1}{i\omega\mu}\frac{\partial^2 A_{02}^*}{\partial r\partial z} = \frac{p_M}{4\pi}\int_0^\infty \lambda^2\frac{\lambda - u_1}{\lambda + u_1}e^{(z-2h)\lambda}J_1(\lambda r)\mathrm{d}\lambda \tag{7-1-51}
$$

垂直分量为

$$
H_{2r} = \frac{1}{i\omega\mu}\frac{\partial^2 A_{02}^*}{\partial r\partial z} = \frac{p_M}{4\pi}\int_0^\infty \lambda^2\frac{\lambda - u_1}{\lambda + u_1}e^{(z-2h)\lambda}J_1(\lambda r)\mathrm{d}\lambda \tag{7-1-52}
$$

利用索末菲积分令 $h = 0$，将式（7－1－49）写为

$$
A_0^* = C\int_0^\infty\left(1 + \frac{u_0 \quad u_1}{u_0 + u_1}\right)\frac{\lambda}{u_0}e^{u_0z}J_0(\lambda r)\mathrm{d}\lambda = 2C\int_0^\infty \frac{\lambda}{u_0 + u_1}e^{u_0z}J_0(\lambda r)\mathrm{d}\lambda \tag{7-1-53}
$$

在式（7－1－53）中令 $z = 0$，得到 $A_0^* = 2C\int_0^\infty \frac{\lambda}{u_0 + u_1}J_0(\lambda r)\mathrm{d}\lambda$。分子分母分别乘以

$u_0 - u_1$ 得到

$$A_0^* = 2C\left[\int_0^\infty \frac{\lambda u_0}{k_0^2 - k_1^2} J_0(\lambda r)\mathrm{d}\lambda - \int_0^\infty \frac{\lambda u_1}{k_0^2 - k_1^2} J_0(\lambda r)\mathrm{d}\lambda\right] \tag{7-1-54}$$

为了积分式（7-1-54），对第一个式子分子、分母乘以（$\lambda + u_0$），对第二个式子分子、分母乘以（$\lambda + u_1$），整理得

$$A_0^* = \frac{C}{k_0^2 - k_1^2}\left[k_0^2\int_0^\infty \frac{\lambda}{\lambda + u_0} J_0(\lambda r)\mathrm{d}\lambda - k_1^2\int_0^\infty \frac{\lambda}{\lambda + u_1} J_0(\lambda r)\mathrm{d}\lambda\right] \tag{7-1-55}$$

为了积分式（7-1-55），对索末菲左右两端二次求导

$$\int_0^\infty \frac{\lambda}{u_1}\mathrm{e}^{-u_1 z} J_0(\lambda r)\mathrm{d}\lambda = \frac{\mathrm{e}^{-k_1(r^2+z^2)^{1/2}}}{(r^2 + z^2)^{1/2}} = P \tag{7-1-56}$$

得到

$$\int_0^\infty u_1\lambda J_0(\lambda r)\mathrm{d}\lambda = -\frac{1}{r^3}(1 + k_1 r)c^{-k_1 r} \tag{7-1-57}$$

再对李普希茨积分左右两端二次求导

$$\int_0^\infty \mathrm{e}^{-\lambda z} J_1(\lambda r)\mathrm{d}\lambda = \frac{1}{(r^2 + z^2)^{1/2}} = Q \tag{7-1-58}$$

得到

$$\left.\frac{\partial^2 Q}{\partial z^2}\right|_{z=0} = \int_0^\infty \lambda^2 J_0(\lambda r)\mathrm{d}\lambda = -\frac{1}{r^3} \tag{7-1-59}$$

从式（7-1-57）减去式（7-1-59）得到

$$\int_0^\infty (u_1\lambda - \lambda^2) J_0(\lambda r)\mathrm{d}\lambda = \frac{1}{r^3}[1 - (1 + k_1 r)\mathrm{e}^{-k_1 r}] \tag{7-1-60}$$

式（7-1-60）左端分子分母同乘以（$u_1 + \lambda$）得

$$\int_0^\infty \frac{\lambda}{u_1 + \lambda} J_0(\lambda r)\mathrm{d}\lambda = \frac{1}{k_1^3 r^3}[1 - (1 + k_1 r)\mathrm{e}^{-k_1 r}] \tag{7-1-61}$$

一般情况下，式（7-1-61）可以写为

$$\int_0^\infty \frac{\lambda}{u_i + \lambda} J_0(\lambda r)\mathrm{d}\lambda = \frac{1}{k_i^2 r^3}[1 - (1 + k_i r)\mathrm{e}^{-k_i r}] \tag{7-1-62}$$

利用式（7-1-62）求出式（7-1-55）的积分，即

$$A_0^* = C\frac{1}{r^3(k_0^2 - k_1^2)}[(1 + k_1 r)\mathrm{e}^{-k_1 r} - (1 + k_0 r)\mathrm{e}^{-k_0 r}] \tag{7-1-63}$$

2. 谐变电磁场的表达式

下面研究的是水平共面装置观测点处的磁场，H_z 分量为

$$i\omega\mu H_z^* = -\frac{1}{r}\frac{\partial A^*}{\partial r} - \frac{\partial^2 A^*}{\partial r^2} \tag{7-1-64}$$

将式（7-1-63）代入式（7-1-64），当 $k_0 = 0$ 时，得

$$H_z^* = \frac{2p_{\mathrm{M}}}{4\pi k_1^2 r^5}[(9 + 9k_1 r + 4k_1^2 r^2 + k_1^3 r^3)\mathrm{e}^{-k_1 r} - 9] \tag{7-1-65}$$

又

$$E_\varphi^* = -\frac{\partial A^*}{\partial r} \tag{7-1-66}$$

将式（7－1－63）代入式（7－1－66），当 $k_0=0$ 时，经整理得

$$E_\varphi^* = \frac{i\omega\mu^2 p_M}{4\pi r^4}\frac{1}{k_1^2}[-3+(3+3k_1 r+k_1^2 r^2)e^{-k_1 r}] \tag{7-1-67}$$

垂直磁偶极子发射的磁场水平分量为

$$H_r^* = \frac{p_M k_1^2}{4\pi r}(I_1K_1 - I_2K_2) \tag{7-1-68}$$

$\omega\to 0$ 当时，在均匀介质表面直流电流垂直磁偶极子的正常场分量为

$$\left.\begin{aligned} E_{\varphi 0}^* &= -\frac{i\omega\mu p_M}{4\pi r^2} \\ H_{z0}^* &= -\frac{p_M}{4\pi r^3} \\ H_{r0}^* &= 0 \end{aligned}\right\} \tag{7-1-69}$$

利用式（7－1－69）分别对式（7－1－67）、式（7－1－65）、式（7－1－68）进行归一得到

$$E_\varphi = \frac{E_\varphi^*}{E_{\varphi 0}^*} = \frac{2}{p^2}[3-(3+3p+p^2)e^{-p}] \tag{7-1-70}$$

$$H_z = \frac{H_z^*}{H_{z0}^*} = \frac{2}{p^2}[9-(9+9p+4p^2+p^3)e^{-p}] \tag{7-1-71}$$

$$H_r = \frac{H_r^*}{H_{x0}^*} = p^2[I_1K - I_2K_2] \tag{7-1-72}$$

式中：$p=k_1 r$。

第二节　水平层状大地表面谐变偶极子场源的电磁场

近年以来国内外广泛开展以水平电偶极子和垂直磁偶极子为场源的频率域电磁测深工作，与直流电法相比，用改变频率的方法来改变探测深度不用频繁地来回劳动，等价原理作用范围窄，所以对地层分辨能力高，探测深度大。下面先推导水平层状大地上水平电偶极子场源的电磁效应，我们选择的是任意个各向同性水平层作为地电断面的理想模型，场源变化为 $e^{-i\omega t}$。

一、水平电偶极子场源

对于电偶极子场源需要解的方程是

$$\nabla^2\boldsymbol{A} - k^2\boldsymbol{A} = 0 \tag{7-2-1}$$

矢量位 $\boldsymbol{A}$ 只有 x 和 z 分量，y 分量为0。

场分量式由式（7－2－2）、式（7－2－3）确定

$$\boldsymbol{B} = \mu_0\nabla\times\boldsymbol{A} \tag{7-2-2}$$

$$\boldsymbol{E} = i\omega\mu_0\boldsymbol{A} - \nabla\phi \tag{7-2-3}$$

其中

$$\phi = \frac{i\omega\mu_0}{k^2}\nabla\cdot \boldsymbol{A} \tag{7-2-4}$$

柱坐标中 $\boldsymbol{A}$ 的 x 和 z 分量都满足

$$\frac{\partial^2 A}{\partial r^2} + \frac{1}{r}\frac{\partial A}{\partial r} + \frac{\partial^2 A}{\partial z^2} - k^2 A = 0 \tag{7-2-5}$$

再引入新函数 W 使得

$$\phi = \frac{i\omega\mu_0}{k^2}\left(\frac{\partial A_x}{\partial x} + \frac{\partial A_z}{\partial z}\right) = \frac{i\omega\mu_0}{k^2}\frac{\partial}{\partial x}\left(A_x + \frac{\partial W}{\partial z}\right) \tag{7-2-6}$$

则

$$\frac{\partial^2 W}{\partial r^2} + \frac{1}{r}\frac{\partial W}{\partial r} + \frac{\partial^2 W}{\partial z^2} - k^2 W = 0 \tag{7-2-7}$$

利用分离变量法求解式（7－2－5）和式（7－2－7），令其一般解为

$$\left.\begin{aligned} A_z &= X\psi(r) \\ W &= Z\psi(r) \end{aligned}\right\} \tag{7-2-8}$$

从而得

$$\frac{\psi''}{\psi} + \frac{1}{r}\frac{\psi'}{\psi} = k^2 - \frac{X'}{X} \tag{7-2-9}$$

$$\frac{\psi''}{\psi} + \frac{1}{r}\frac{\psi'}{\psi} = k^2 - \frac{Z''}{Z} \tag{7-2-10}$$

式（7－2－9）和式（7－2－10）两边各与不同变量有关，令 $k^2 - \frac{X'}{X} = -\lambda^2$，则

$$\psi'' + \frac{1}{r}\psi' + \lambda^2\psi = 0 \tag{7-2-11}$$

$$X'' - u^2 X = 0 \tag{7-2-12}$$

$$Z'' - u^2 Z = 0 \tag{7-2-13}$$

式中：$u^2 = \lambda^2 + k^2$，设任意层对应的矢量位有如下形式

$$A_x = \frac{p_{\mathrm{E}}}{4\pi}\int_0^\infty XJ_0(\lambda r)\,\mathrm{d}\lambda \tag{7-2-14}$$

$$A_z = \frac{p_{\mathrm{E}}}{4\pi}\frac{\partial W}{\partial x} = \frac{p_{\mathrm{E}}}{4\pi}\frac{\partial}{\partial x}\int_0^\infty ZJ_0(\lambda r)\,\mathrm{d}\lambda \tag{7-2-15}$$

式中：$p_{\mathrm{E}} = I\mathrm{d}x$，$\mathrm{d}x = AB$。

利用各分层电磁场的连续性可得

$$\left.\begin{aligned} A_{xp} &= A_{xp+1} \\ \frac{\partial A_{xp}}{\partial z} &= \frac{\partial A_{xp+1}}{\partial z} \\ A_{zp} &= A_{zp+1} \\ \frac{\partial A_{zp}}{\partial z} &= \frac{\partial A_{zp+1}}{\partial z} \\ \frac{1}{k_p^2}\nabla\cdot A_p &= \frac{1}{k_{p+1}^2}\nabla\cdot A_{p+1} \end{aligned}\right\} \tag{7-2-16}$$

为了简化式（7－2－16）第四个式子，在式（7－2－12）中引入

$$Z = V - \frac{X'}{\lambda^2} \tag{7-2-17}$$

其中，V满足

$$V' - u^2 V = 0 \tag{7-2-18}$$

而X是式（7－2－12）的解，可以证明式（7－2－17）是式（7－2－13）的解，为此可以得

$$\left.\begin{aligned} & V'' - \frac{X'''}{\lambda^2} - u^2\left(V - \frac{X'}{\lambda^2}\right) = 0 \\ & V' - u^2 V = 0 \end{aligned}\right\} \tag{7-2-19}$$

故

$$-\frac{1}{\lambda^2}(X''' - u^2 X') = 0 \tag{7-2-20}$$

由式（7－2－16）第一、第二个条件可知，函数X和X'在各边界上是连续的。由式（7－2－16）第三个条件可知，Z在边界上是连续的。再由第四个条件得$(X+Z')/k^2$是连续的，且由式（7－2－12）的关系可得

$$\frac{1}{k^2}(X + Z') = \frac{1}{k^2}\left(X + V' - \frac{X''}{\lambda^2}\right) = \frac{1}{k^2}\left(V' - \frac{k^2}{\lambda^2}X\right) = \frac{1}{k^2}V' - \frac{x}{\lambda^2} \tag{7-2-21}$$

从而X、V的通解可写为

$$\left.\begin{aligned} & Y'' - a_p^2 Y = 0 \\ & Y、b_p Y \text{在边界上是连续的} \end{aligned}\right\} \tag{7-2-22}$$

式中：如果$a=u$，$b=1$，则$Y=X$；如果$a=u$，$b=1/k^2$，则$Y=V$。在第p层中上

$$Y_p = d_p e^{-a_p z} + c_p e^{a_p z} \tag{7-2-23}$$

求导得

$$Y'_p = -a_p d_p e^{-a_p z} + a_p c_p e^{a_p z} \tag{7-2-24}$$

进一步求式（7－2－23）和式（7－2－24）的比值

$$\frac{Y_p}{Y'_p} = -\frac{R_p}{a_p} \tag{7-2-25}$$

其中

$$R_p = \frac{d_p e^{-a_p z} + c_p e^{a_p z}}{d_p e^{-a_p z} - c_p e^{a_p z}} \tag{7-2-26}$$

在第一层$R_1 = \dfrac{d_1 e^{-a_1 z} + c_1 e^{a_1 z}}{d_1 e^{-a_1 z} - c_1 e^{a_1 z}}$，当$z=0$时，

$$R_1(0) = \frac{d_1 + c_1}{d_1 - c_1} \tag{7-2-27}$$

当$z=h_1$时，

$$R_1(h_1) = \frac{d_1 e^{-a_2 h_1} + c_2 e^{-a_2 h_1}}{d_2 e^{-a_2 h_1} - c_2 e^{-a_2 h_1}} \tag{7-2-28}$$

第二层，

$$R_2 = \frac{d_2 e^{-a_2 z} + c_2 e^{a_2 z}}{d_2 e^{-a_2 z} - c_2 e^{a_2 z}} \tag{7-2-29}$$

当 $z = h_1$ 时，

$$R_2(h_1) = \frac{d_2 e^{-a_2 h_1} + c_2 e^{a_2 h_1}}{d_2 e^{-a_2 h_1} - c_2 e^{a_2 h_1}} \tag{7-2-30}$$

对式（7－2－27）右分子、分母各乘以2，并加减一些量

$$\frac{d_1 + c_1}{d_1 - c_1} = \frac{2d_1 + 2c_1 - c_1 e^{2a_1 h_1} + c_1 e^{2a_1 h_1} - d_1 e^{2a_1 h_1} + d_1 e^{2a_1 h_1}}{2d_1 - 2c_1 - c_1 e^{2a_1 h_1} + c_1 e^{2a_1 h_1} - d_1 e^{2a_1 h_1} + d_1 e^{2a_1 h_1}} = \frac{1 + \mathrm{cth} a_1 h_1 \dfrac{d_1 e^{-a_1 h_1} + c_1 e^{a_1 h_1}}{d_1 e^{-a_1 h_1} - c_1 e^{a_1 h_1}}}{\mathrm{cth} a_1 h_1 \dfrac{d_1 e^{-a_1 h_1} + c_1 e^{a_1 h_1}}{d_1 e^{-a_1 h_1} - c_1 e^{a_1 h_1}}}$$

故

$$\frac{d_1 + c_1}{d_1 - c_1} = \mathrm{cth}\left(a_1 h_1 + \mathrm{arcth} \frac{d_1 e^{-a_1 h_1} + c_1 e^{-a_1 h_1}}{d_1 e^{-a_1 h_1} - c_1 e^{-a_1 h_1}}\right) \tag{7-2-31}$$

当 $z = h_1$ 时，由于 Y 和 Y'/k^2 连续，由式（7－2－22）和式（7－2－23）得

$$\left.\begin{aligned} d_1 e^{-a_1 h_1} + c_1 e^{a_1 h_1} &= d_2 e^{-a_2 h_1} + c_2 e^{a_2 h_1} \\ a_1 b_1 (d_1 e^{-a_1 h_1} - c_1 e^{a_1 h_1}) &= a_2 b_2 (d_2 e^{-a_2 h_1} - c_2 e^{a_2 h_1}) \end{aligned}\right\} \tag{7-2-32}$$

上述式（7－2－32）两个式子相除得到

$$\frac{d_1 e^{-a_1 h_1} + c_1 e^{a_1 h_1}}{d_1 e^{-a_1 h_1} - c_1 e^{a_1 h_1}} = \frac{a_1 b_1}{a_2 b_2}\left(\frac{d_2 e^{-a_2 h_1} + c_2 e^{a_2 h_1}}{d_2 e^{-a_2 h_1} - c_2 e^{a_2 h_1}}\right) \tag{7-2-33}$$

由第二层顶部的 $R_2(h_1)$，求出 $R_1(0)$

$$R_1(0) = \mathrm{cth}\left[a_1 h_1 + \mathrm{arcth} \frac{a_1 h_1}{a_2 h_2} R_2(h_1)\right] \tag{7-2-34}$$

将式（7－2－34）推广到任意层得到

$$R_1(0) = \mathrm{cth}\left[a_1 h_1 + \mathrm{arcth} \frac{a_1 h_1}{a_2 h_2} \mathrm{cth}\left[a_2 h_2 + \cdots + \mathrm{arcth} \frac{a_{N-1} b_{N-1}}{a_N b_{N-1}} R_N(H_{N-1})\right]\right] \tag{7-2-35}$$

式中：H_{N-1} 是 N 层断面基底以上各层的总厚度。

由函数 Y_N 衰减条件得

$$R_1(0) = \mathrm{cth}\left[a_1 h_1 + \mathrm{arcth} \frac{a_1 b_1}{a_2 b_2} \mathrm{cth}(a_2 h_2 + \cdots + \mathrm{arcth} \frac{a_{N-1} b_{N-1}}{a_N b_N})\right] \tag{7-2-36}$$

假设在式子中 $a = u$，$b = 1$，则由式（7－2－36）得出 $z = 0$ 时 X 的值

$$\frac{X_1}{X'_1} = -\frac{R_1(0)}{u_1} = -\frac{1}{u_1} \mathrm{cth}\left[u_1 h_1 + \mathrm{arcth} \frac{u_1}{u_2} \mathrm{cth}(u_2 h_2 + \cdots + \mathrm{arcth} \frac{u_{N-1}}{u_N})\right] \tag{7-2-37}$$

同样，当 $a=u$，$b=\frac{1}{k^2}$ 时，$z=0$ 的 V 值

$$\frac{V_1}{V'_1}=-\frac{R_1^*(0)}{u_1}=-\frac{1}{u_1}\mathrm{cth}\left[u_1h_1+\mathrm{arcth}\frac{u_1\rho_1}{u_2\rho_2}\mathrm{cth}(u_2h_2+\cdots+\mathrm{arcth}\frac{u_{N-1}\rho_{N-1}}{u_N\rho_N})\right] \tag{7-2-38}$$

因为地表以上有场源，故凭借上述式（7－2－37）和式（7－2－38）两个式子确定 X 和 V 明显不够，必须考虑地表边界条件，上半空间的电磁场一般是随着接近场源而无限增大的一次场和感应二次场的和

$$A_{x0}=A_{x0}^{(0)}+A_{x0}^{(2)} \tag{7-2-39}$$

式中：$A_{x0}^{(0)}$ 是在均匀介质中的矢量位，$A_{x0}^{(2)}$ 是感应二次场矢量位。其表达式分别为

$$\left.\begin{aligned}A_{x0}^{(0)}&=\frac{p_E}{4\pi}\int_0^\infty\frac{\lambda}{u_0}e^{u_0|z+h_0|}J_0(\lambda r)\mathrm{d}\lambda\\A_{x0}^{(2)}&=\frac{p_E}{4\pi}\int_0^\infty c_0e^{u_0z}J_0(\lambda r)\mathrm{d}\lambda\end{aligned}\right\} \tag{7-2-40}$$

因此有

$$A_{x0}=\frac{p_E}{4\pi}\int_0^\infty\left[\frac{\lambda}{u_0}e^{-u_0|z+h_0|}+c_0e^{u_0z}\right]J_0(\lambda r)\mathrm{d}\lambda \tag{7-2-41}$$

第一层中的矢量位表达式为

$$A_{x1}=\frac{p_E}{4\pi}\int_0^\infty(c_1e^{u_1z}+d_1e^{-u_1z})J_0(\lambda r)\mathrm{d}\lambda \tag{7-2-42}$$

在边界上（$z=0$）为使 A_x 和 $\frac{\partial A_x}{\partial z}$ 连续，必须

$$\frac{\lambda}{u_0}e^{\ u_0h_0}+c_0=c_1+d_1=X_1 \tag{7-2-43}$$

$$-\lambda e^{-u_0h_0}+u_0c_0=u_1(c_1-d_1)=X'_1 \tag{7-2-44}$$

式（7－2－43）和式（7－2－44）相除得到

$$c_0=\frac{\frac{\lambda}{u_0}\frac{X'_1}{X_1}+\lambda}{u_0-\frac{X'_1}{X_1}}e^{-u_0h_0} \tag{7-2-45}$$

将式（7－2－45）代入式（7－2－43）得

$$X_1=\frac{2\lambda e^{-u_0h_0}}{u_0-X'_1/X_1} \tag{7-2-46}$$

由于在地表的 X'_1/X_1，在式（7－2－37）中是用函数 R_1 表示的，故

$$X_1=\frac{2\lambda c^{-u_0h_0}}{u_0+u_1/R_1} \tag{7-2-47}$$

同样的，考虑到式（7－2－46），从式（7－2－24）得

$$X'_1=-X_1\frac{u_1}{R_1}=-\frac{2\lambda e^{-u_0h_0}}{u_0+u_1/R_1}\cdot\frac{u_1}{R_1} \tag{7-2-48}$$

现在讨论函数 V 在地表的边界条件，因为 $V=Z+X'/\lambda^2$，故分别讨论 Z 和 X'，对于 X'，在上半空间

$$X_0(z) = X(0)e^{u_0 z} \tag{7-2-49}$$

$$X'_0(z) = u_0 X(0) \tag{7-2-50}$$

但是在地表之上存在偶极子场源时上述关系不正确，这时从式（7－2－43）可知当 $z=0$ 时

$$X_1(0) = c_0 + \frac{\lambda}{u_0}e^{-u_0 h_0} \tag{7-2-51}$$

而

$$X'_1(0) = u_0 c_0 - \lambda e^{-u_0 h_0} \tag{7-2-52}$$

从式（7－2－51）求出 c_0，带入式（7－2－52）得到

$$X'_0(0) = u_0 X_1(0) - 2\lambda e^{-u_0 h_0} \tag{7-2-53}$$

当存在偶极子场源时，在地表 X'_0 不连续，其值为 $-2\lambda e^{-u_0 h_0}$。其物理原因是，地表以上场源可等效地看成集中于地表处的面电流。考虑到 Z 的连续性，$V=Z+X'/\lambda^2$ 的边界条件应为

$$V_0 - V_1 = \frac{2}{\lambda}e^{-u_0 h_0} \tag{7-2-54}$$

前面已经提到 $\frac{V'}{k^2}$ 的连续性，所以有

$$\frac{V'_0}{k_0^2} = \frac{V'_1}{k_1^2} \tag{7-2-55}$$

故

$$\frac{V'_0}{V'_1} = \frac{k_0^2}{k_1^2} \tag{7-2-56}$$

在上半空间，函数 V 应与 X 一样，即为

$$V_0(z) = V_0(0)e^{u_0 z} \tag{7-2-57}$$

当 $z=0$ 时，

$$V'_0(z) = u_0 V_0(0) \tag{7-2-58}$$

利用这个关系可以找出联系 V_1 和 V'_1 的方程。由式（7－2－58）得

$$V_0(0) = \frac{V'_0(z)}{u_0} \tag{7-2-59}$$

将式（7－2－55）代入式（7－2－59）得

$$V_0(0) = \frac{k_0^2}{k_1^2}\frac{V'_1(0)}{u_0} \tag{7-2-60}$$

再将式（7－2－60）带入到式（7－2－54），在 $z=0$ 处有

$$\frac{k_0^2}{k_1^2}\frac{V_1}{u_0} - V_1 = \frac{2}{\lambda}e^{-u_0 h_0} \tag{7-2-61}$$

考虑到用岩层的地电参数和频率表达地表 V_1 值的式（7－2－38），从式（7－2－61）

可求出 $z=0$ 时的 V_1 和 V'_1

$$V_1 = -\frac{R_1^*}{u_1}\frac{2e^{-u_0h_0}}{\lambda\left(\frac{k_0^2}{k_1^2u_0}+\frac{R_1^*}{u_1}\right)} \tag{7-2-62}$$

$$V'_1 = \frac{2e^{-u_0h_0}}{\lambda\left(\frac{k_0^2}{k_1^2u_0}+\frac{R_1^*}{u_1}\right)} \tag{7-2-63}$$

如果电偶极子场源在地表，即 $h_0=0$，则将式（7-2-47）代入式（7-2-14），得到矢量位水平分量表达式：

$$A_x = \frac{p_E}{2\pi}\int_0^\infty \frac{\lambda}{\lambda+\frac{u_1}{R_1}}J_0(\lambda r)\mathrm{d}\lambda \tag{7-2-64}$$

将式（7-2-47）和式（7-2-62）带入式（7-2-15），得到矢量位垂直分量表达式

$$A_z = \frac{p_E}{2\pi}\cos\theta\int_0^\infty \frac{\lambda}{\lambda+\frac{u_1}{R_1}}J_0(\lambda r)\mathrm{d}\lambda \tag{7-2-65}$$

对式（7-2-64）求垂向导数得到 A 的 x 分量的垂直导数

$$\frac{\partial A_x}{\partial z} = -\frac{p_E}{2\pi}\int_0^\infty \frac{u_1}{R_1}\cdot\frac{\lambda}{\lambda+\frac{u_1}{R_1}}J_0(\lambda r)\mathrm{d}\lambda \tag{7-2-66}$$

由式（7-2-6）可以求得标量位的表达式

$$\begin{aligned}\phi &= \frac{i\omega\mu_0p_E}{4\pi k_1^2}\frac{\partial}{\partial x}\int_0^\infty (X_1+Z'_1)J_0(\lambda r)\mathrm{d}\lambda = \\ &\frac{i\omega\mu_0p_E}{4\pi k_1^2}\frac{\partial}{\partial x}\int_0^\infty \left(X+V'_1-\frac{u_1^2}{\lambda^2}\right)J_0(\lambda r)\mathrm{d}\lambda = \\ &\frac{i\omega\mu_0p_E}{4\pi k_1^2}\frac{\partial}{\partial x}\int_0^\infty \left(V'_1-\frac{k_1^2}{\lambda^2}X_1\right)J_0(\lambda r)\mathrm{d}\lambda = \\ &-\frac{i\omega\mu_0p_E}{4\pi k_1^2}\cos\theta\int_0^\infty \left(\frac{u_1}{R_1^*}-\frac{k_1^2}{\lambda+\frac{u_1}{R_1^*}}\right)J_1(\lambda r)\mathrm{d}\lambda\end{aligned} \tag{7-2-67}$$

由式（7-2-3）可得

$$E_x = i\omega\mu_0A_x-\frac{\partial\phi}{\partial x} \tag{7-2-68}$$

将式（7-2-64）和式（7-2-67）式代入式（7-2-68）得

$$E_x = \frac{i\omega\mu_0p_E}{2\pi}\int_0^\infty \frac{\lambda}{\lambda+\frac{u_1}{R_1}}J_0(\lambda r)\mathrm{d}\lambda+\frac{i\omega\mu_0p_E}{2\pi k_1^2}\frac{\partial}{\partial x}\frac{x}{r}\int_0^\infty \left(\frac{u_1}{R_1^*}-\frac{k_1^2}{\lambda+\frac{u_1}{R_1}}\right)J_1(\lambda r)\mathrm{d}\lambda \tag{7-2-69}$$

由式（7-1-34）得

$$H_z = -\frac{\partial A_x}{\partial y} = -\sin\theta\frac{\partial A_x}{\partial r} \tag{7-2-70}$$

将式（7－2－64）代入式（7－2－70）

$$H_z = -\frac{p_E}{2\pi}\sin\theta\frac{\partial}{\partial r}\int_0^{\infty}\frac{\lambda}{\lambda+\frac{u_1}{R_1}}J_0(\lambda r)\mathrm{d}\lambda \tag{7-2-71}$$

由式（7－2－2）得

$$H_y = \frac{\partial A_x}{\partial z} - \frac{\partial A_z}{\partial x} \tag{7-2-72}$$

将式（7－2－66）和式（7－2－65）代入式（7－2－72）得

$$H_y = -\frac{p_E}{2\pi}\int_0^{\infty}\left(\frac{u_1}{R_1^*}-\frac{\lambda}{\lambda+\frac{u_1}{R_1}}\right)J_0(\lambda r)\mathrm{d}\lambda + \frac{p_E}{2\pi}\frac{\partial^2}{\partial x^2}\int_0^{\infty}\frac{1\mathrm{e}}{\lambda+\frac{u_1}{R_1}}J_0(\lambda r)\mathrm{d}\lambda \tag{7-2-73}$$

二、垂直磁偶极子场源

考虑层状大地上方垂直磁偶极子场源的电磁场。引入磁性源的矢量位 $\boldsymbol{A}^* = A_z^*\boldsymbol{i}_z$，则该矢量位同样满足如下赫姆霍兹方程

$$\nabla^2\boldsymbol{A}^* - k^2\boldsymbol{A}^* = 0 \tag{7-2-74}$$

矢量位与电场强度和磁场强度之间建立如下关系

$$\boldsymbol{E}^* = \nabla\times\boldsymbol{A}^* \tag{7-2-75}$$

$$i\omega\mu_0\boldsymbol{H}^* = -k^2\boldsymbol{A}^* + \nabla\nabla\cdot\boldsymbol{A}^* \tag{7-2-76}$$

矢量位 $\boldsymbol{A}^*$ 满足的边界条件仍然是

$$\left.\begin{aligned} A_{zp}^* &= A_{zp+1}^* \\ \frac{\partial A_{zp}^*}{\partial z} &= \frac{\partial A_{zp+1}^*}{\partial z} \end{aligned}\right\} \tag{7-2-77}$$

比较式（7－2－74）、式（7－2－77）与式（7－2－1）、式（7－2－16）第一、第二式子可知，A_z^* 和 A_z 的解完全相同。因此将式（7－2－74）和式（7－2－77）中的 p_E 换成 $i\omega\mu_0 p_M$，得

$$A_z^* = \frac{i\omega\mu_0 p_M}{2\pi}\int_0^{\infty}\frac{\lambda}{\lambda+\frac{u_1}{R_1}}J_0(\lambda r)\mathrm{d}\lambda \tag{7-2-78}$$

$$\frac{\partial A_z^*}{\partial z} = -\frac{i\omega\mu_0 p_M}{2\pi}\int_0^{\infty}\frac{u_1}{R_1}\frac{\lambda}{\lambda+\frac{u_1}{R_1}}J_0(\lambda r)\mathrm{d}\lambda \tag{7-2-79}$$

由式（7－2－75）得

$$E_\varphi^* = -\frac{\partial A_z^*}{\partial r} \tag{7-2-80}$$

故

$$E_{\varphi}^{*}=-\frac{i\omega\mu_0 p_{\mathrm{M}}}{2\pi}\frac{\partial}{\partial r}\int_0^{\infty}\frac{\lambda}{\lambda+\frac{u_1}{R_1}}J_0(\lambda r)\mathrm{d}\lambda \tag{7-2-81}$$

由式（7－2－76）得

$$i\omega\mu_0 H_r^{*}=-\frac{\partial^2 A_z^{*}}{\partial r\partial z} \tag{7-2-82}$$

故将式（7－2－79）代入式（7－2－82）得

$$H_r^{*}=-\frac{p_{\mathrm{M}}}{2\pi}\frac{\partial}{\partial r}\int_0^{\infty}\frac{u_1}{R_1}\frac{\lambda}{\lambda+\frac{u_1}{R_1}}J_0(\lambda r)\mathrm{d}\lambda \tag{7-2-83}$$

由式（7－2－76）得

$$i\omega\mu_0 H_z^{*}=-k^2A_z^{*}+\frac{\partial^2 A_z^{*}}{\partial z^2} \tag{7-2-84}$$

考虑到式（7－2－5），将式（7－2－84）改写为

$$i\omega\mu_0 H_z^{*}=-\frac{1}{r}\frac{\partial}{\partial r}\left(r\frac{\partial A_z^{*}}{\partial r}\right) \tag{7-2-85}$$

将式（7－2－78）代入式（7－2－85），得

$$H_z^{*}=-\frac{p_{\mathrm{M}}}{2\pi}\frac{\partial}{\partial r}r\frac{\partial}{\partial r}\int_0^{\infty}\frac{u_1}{R_1}\frac{\lambda}{\lambda+\frac{u_1}{R_1}}J_0(\lambda r)\mathrm{d}\lambda=\frac{p_{\mathrm{M}}}{4\pi}\int_0^{\infty}\frac{2\lambda^3}{\lambda+\frac{u_1}{R_1}}J_n(\lambda r)\mathrm{d}\lambda \tag{7-2-86}$$

式中：$p_{\mathrm{M}}=INS$，为磁矩；I 为发射线圈中的电流；S 为其线圈面积；N 为匝数。

第三节　频率域测深法

频率测深（Frequency Sounding）法是近20年才发展起来的一种利用人工场源（不同频率）交变电磁场探测电性沿铅直方向变化的电磁测深法的一个变种。它要求在远区测量，测量时场源和接收点都不动，只改变电磁场的频率。由于不同频率的电磁场穿透深度不同，高频穿透深度浅，低频穿透深度大，因此，研究测点电场或磁场分量的频率特性，就可以达到测深的目的。与直流测深比较，这一方法具有实质性优点，等值原理作用范围窄，对地层的分辨力强，勘探深度大等。近年来，频率测深法已成为国内外应用较广的一种测深方法。

一、均匀大地上电偶极子场源电磁场特点及电阻率的定义

下面分别考虑近区（S 区）和远区（波区）电磁场的特殊情况。

1. 近区电偶极子场源电磁场及视电阻率的定义

通过电偶极子场源的电磁场无法得到视电阻率，要想得到视电阻率，分成近区和远区两种情况。

在近区，当$|k_1r|\to 0$时，考虑到$e^{-k_1r}\approx 1-k_1r+k_1^2r^2$，式（7－1－32）～式（7－1－37）经化简后可得

$$
\left.\begin{aligned}
E_x &= \frac{p_E \rho_1}{2\pi r^3}(3\cos^2\varphi - 1) \\
E_y &= \frac{p_E \rho_1}{2\pi r^3} 3\sin\varphi\cos\varphi \\
H_x &= \frac{p_E}{4\pi r^2}\sin\varphi\cos\varphi \\
H_y &= \frac{p_E}{4\pi r^3}(2\cos^2\varphi - 1) \\
H_z &= \frac{p_E}{4\pi r^2}\sin\varphi
\end{aligned}\right\} \tag{7-3-1}
$$

式（7－3－1）表明，电偶极子场源的近区磁场与介质性质无关，因此，对它的研究没有意义。电场分量均与 ρ_1 有关，但是，它们与直流电场性质相同，与频率无关。

下面，分别考虑赤道装置和轴向装置两种情况的电磁场及视电阻率的定义方法。

对于赤道装置（$\varphi = 90°$），由式（7－3－1）得

$$
\left.\begin{aligned}
E_x(\omega) &= -\frac{p_E \rho_1}{2\pi r^3} \\
H_y(\omega) &= \frac{p_E}{\pi r^3} \\
H_z(\omega) &= \frac{p_E}{4\pi r^2}
\end{aligned}\right\} \tag{7-3-2}
$$

由式（7－3－2）中的 $E_x(\omega)$ 和 $H_z(\omega)$ 表达式可建立阻抗表达式，即

$$
Z = \left|\frac{E_x}{H_z}\right| = \frac{2\rho_1}{r} \tag{7-3-3}
$$

故

$$
\rho_1 = \frac{r}{2}\left|\frac{E_x}{H_z}\right| \tag{7-3-4}
$$

必须指出，正如式（7－3－4），如果在非均匀介质中引入视电阻率概念的话，则此时的视电阻率是 r 的函数，而不是 ω 的函数，和直流电测深中的电场完全相似。

对于轴向装置（$\varphi = 0°$），由式（7－3－1）得

$$
\left.\begin{aligned}
E_x(\omega) &= \frac{p_E \rho_1}{\pi r^3} \\
H_y(\omega) &= \frac{p_E}{4\pi r^2}
\end{aligned}\right\} \tag{7-3-5}
$$

采用与赤道装置相同的方法，可得到轴向装置近区视电阻率公式

$$
\rho_1 = \frac{r}{4}\left|\frac{E_x}{H_y}\right| \tag{7-3-6}
$$

式（7－3－6）轴向装置近区视电阻率与式（7－3－4）赤道装置近区视电阻率性质相同，但数值为赤道装置的1/2。

2. 远区电偶极子场源电磁场及视电阻率的定义

远区（波区），即 $|k_1 r| \gg 1$，当 $|k_1 r| \to \infty$时，有 $e^{-k_1 r} \to 0$，由式（7－1－32）～

式（7－1－37）得

$$
\left.\begin{aligned}
E_x &= \frac{p_E\rho_1}{2\pi r^3}(3\cos^2\varphi - 2)\\
E_y &= \frac{p_E\rho_1}{2\pi r^3}3\sin\varphi\cos\varphi\\
H_x &= -\frac{3p_E}{4\pi r^3 k_1}\sin\varphi\cos\varphi\\
H_y &= \frac{p_E}{4\pi r^3 k_1}(3\cos^2\varphi - 2)\\
H_z &= \frac{3p_E\rho_1}{4\pi r^4 i\omega\mu}\sin\varphi
\end{aligned}\right\} \tag{7-3-7}
$$

对于赤道装置（$\varphi=90°$）

$$
\left.\begin{aligned}
E_x(\omega) &= -\frac{p_E\rho_1}{\pi r^3}\\
H_y(\omega) &= \frac{p_E}{\pi r^3 k_1}\\
H_z(\omega) &= \frac{3p_E\rho_1}{2\pi r^4 i\omega\mu}
\end{aligned}\right\} \tag{7-3-8}
$$

对于轴向装置（$\varphi=0°$）

$$
\left.\begin{aligned}
E_x(\omega) &= \frac{p_E\rho_1}{2\pi r^3}\\
H_y(\omega) &= \frac{p_E}{2\pi r^3 k_1}
\end{aligned}\right\} \tag{7-3-9}
$$

式（7－3－8）和式（7－3－9）表达了电偶极子场源近区电磁场的几个重要性质。水平分量均与 r^3 成反比，而垂直分量与 r^4 成反比。电场水平分量正比于介质的电阻率，而与频率无关；磁场水平分量与 $\sqrt{\rho_1}$ 成比例，与频率的平方根成反比，因此它对电阻率的分辨能力较差。

对于赤道装置，理论上可采用以下 5 种方法来定义均匀大地的电阻率或非均匀大地的视电阻率。由式（7－3－8）可得

$$
\left.\begin{aligned}
\rho_\omega^{E_x} &= \frac{\pi r^3}{p_E}|E_x|\\
\rho_\omega^{H_y} &= \frac{\omega\mu\pi^2 r^6}{p_E^2}|H_y|^2\\
\rho_\omega^{H_z} &= \frac{\omega\mu 2\pi r^4}{3p_E}|H_z|\\
\rho_\omega^{E_x/H_y} &= \frac{1}{\omega\mu}\left|\frac{E_x}{H_y}\right|^2\\
\rho_\omega^{H_z/H_y} &= \frac{4r^2\omega\mu}{9}\left|\frac{H_z}{H_y}\right|^2
\end{aligned}\right\} \tag{7-3-10}
$$

下面给出频率测深野外实际应用的视电阻率公式。频率测深野外工作中用的视电阻率公式仍沿用直流视电阻率公式的方式，即

$$\rho_\omega = K\frac{\Delta U_\omega}{I} \tag{7-3-11}$$

考虑到 $\Delta U_\omega = E_\omega \cdot MN$，$p_E = I \cdot AB$ 由式（7－3－10）中的第一式得

$$\rho_\omega^{E_x} = \frac{\pi r^3}{AB \cdot MN} \cdot \frac{\Delta U_\omega}{I} \tag{7-3-12}$$

装置系数为

$$K^{E_x} = \frac{\pi r^3}{AB \cdot MN} \tag{7-3-13}$$

测量垂直磁场时，因为磁场产生的感应电动势为

$$\mathscr{E}_\omega = i\omega\mu n s H_\omega \tag{7-3-14}$$

式中：s 为接收线框面积；n 为匝数。利用式（7－3－14）由式（7－3－10）中的第三式得

$$\rho_\omega^{H_z} = \frac{2\pi r^4}{3ABns} \cdot \frac{\mathscr{E}_\omega^{H_z}}{I} \tag{7-3-15}$$

装置系数为

$$K^{H_z} = \frac{2\pi r^4}{3ABns} \tag{7-3-16}$$

式（7－3－12）和式（7－3－15）是目前应用较广泛的频率测深视电阻率公式。

对于轴向装置，也可采用下述3种方法来定义视电阻率，即由式（7－3－9）可得

$$\rho_\omega^{E_x} = \frac{2\pi r^3}{AB \cdot MN} \cdot \frac{\Delta U_\omega}{I} \tag{7-3-17}$$

$$\rho_\omega^{H_y} = \frac{1}{\omega\mu}\left(\frac{2\pi r^3}{AB \cdot ns} \cdot \mathscr{E}_\omega^{H_y}\right)^2 \tag{7-3-18}$$

$$\rho_\omega^{E_x/H_y} = \frac{1}{\omega\mu}\left|\frac{E_x}{H_y}\right|^2 \tag{7-3-19}$$

二、均匀大地表面垂直磁偶极子场源电磁场特点及电阻率的定义

1. 近区垂直磁偶极子场源的电磁场及视电阻率的定义

在近区，当 $\omega = 0$，即 $k_1 r \to 0$ 时，并考虑 $\mathrm{e}^{-k_1 r} \approx 1 - k_1 r + k_1^2 r^2$，由式（7－2－81）～式（7－2－86）得

$$\left.\begin{aligned} E_{\varphi 0}^* &= \frac{i\omega\mu p_M}{4\pi r^2} \\ H_{r0}^* &= \frac{p_M}{4\pi r^2} \\ H_{z0}^* &= \frac{p_M}{4\pi r^3} \end{aligned}\right\} \tag{7-3-20}$$

由式（7－3－20）可看出，在 $\omega \to 0$ 时确定的（即 $|k_1 r| \ll 1$ 属于近区）$E_{\varphi_0}^*$、$H_{r_0}^*$ 和 $H_{z_0}^*$，它们与介质电阻率不发生联系，所以，在电法勘探中没有意义。

2. 远区垂直磁偶极子场源的电磁场及视电阻率的定义

远区，即$|k_1 r| \gg 1$，在这一条件下，式（7－2－81）～式（7－2－86）变为

$$\left.\begin{aligned} E_\varphi^* &= \frac{3p_M \rho_1}{2\pi r^4} \\ H_z^* &= \frac{9p_M \rho_1}{2\pi i\omega\mu r^5} \end{aligned}\right\} \tag{7-3-21}$$

对式（7－2－81）～式（7－2－86）利用贝赛尔函数的渐近展开式

$$I_n(t) = \frac{e^t}{\sqrt{2\pi t}} \sum_{k=0}^{\infty} \frac{(-1)^k \Gamma(n+k+12)}{(2t)^k k!\Gamma(n-k+12)} \tag{7-3-22}$$

$$K_n(t) = \sqrt{\frac{\pi}{2t}} \cdot e^{-t} \sum_{k=0}^{n-1} \left(\frac{1}{2t}\right)^k \frac{\Gamma(n+k+12)}{k!\Gamma(n-k+12)} \tag{7-3-23}$$

各取3项，整理后得

$$H_r^* = \frac{3p_M}{2\pi r^4 k_1} \tag{7-3-24}$$

由式（7－3－21）和式（7－3－24）定义的视电阻率公式为

$$\rho_\omega^{E_\sigma^*} = \frac{2\pi r^4}{3p_M} |E_\varphi^*| \tag{7-3-25}$$

$$\rho_\omega^{H_z^*} = \frac{2\pi\omega\mu r^5}{9p_M} |H_z^*| \tag{7-3-26}$$

$$\rho_\omega^{H_r^*} = \frac{4\pi^2\omega\mu r^8}{9p_M^2} |H_r^*|^2 \tag{7-3-27}$$

三、水平层状大地视电阻率曲线特征

1. 水平二层断面的频率测深曲线

图7－3－1给出$\rho_2 \to \infty$的情况下不同收发距的电场强度（E_x）和磁场强度（H_z）频率测深理论曲线。由图中可见，在高频段均出现干涉性假极小值。对于电场曲线，随着频率降低，$\rho_\omega^{E_x}$曲线急剧上升之后经过不明显的极大值趋向S区的水平渐近线，其值等于相应极距直流视电阻率的一半。对于磁场$\rho_\omega^{H_z}$曲线，急剧上升后经过明显的极大值后以63°26′角下降。在图上给出S线。实际上，该线是收发距无穷大时波区二层曲线，可见，随着r的增加，有限收发距的频率测深曲线趋向于波区曲线。

图7－3－2是$\rho_2 \to 0$时的水平二层断面频率测深曲线。在这种情况下，不仅没有特有的极小值，而且随着收发距的增大曲线差异较小。对于电场曲线，当$r/h_1>3$时各条下降曲线基本全通过$\rho_\omega/\rho_1=1$、$\lambda_1/h_1=8$的坐标原点；而对于磁场曲线，当$r/h_1>4$时各条下降渐近线通过上述坐标原点。利用这一性质可解释出第一层厚度h_1。

2. 水平三层断面的频率测深曲线

H型和K型断面是频率测深曲线地质效果较明显的地电断面。H型断面频率测深振幅曲线由以下几部分组成（$r/h_1>2$）：①左支渐近线$\rho_\omega=1$；②高频段幅度不大的干涉性假极大值；③下降的左支曲线，它以假极小值结束；④上升的右支曲线；⑤低频段极大值以及右支水平渐近线（对于电场曲线）和－63°26′角下降的渐近线（对于磁场曲线）。作

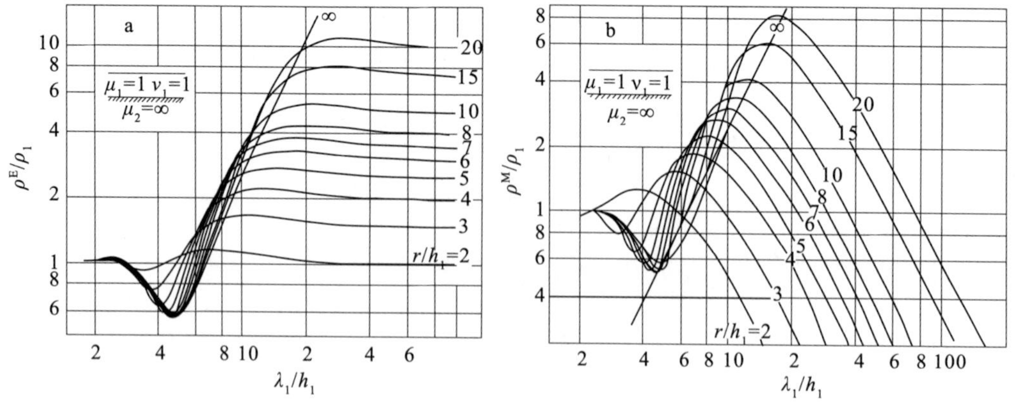

图 7 -3 -1 $\rho_2\to\infty$时频率测深二层振幅理论曲线

a—电场曲线；b—磁场曲线

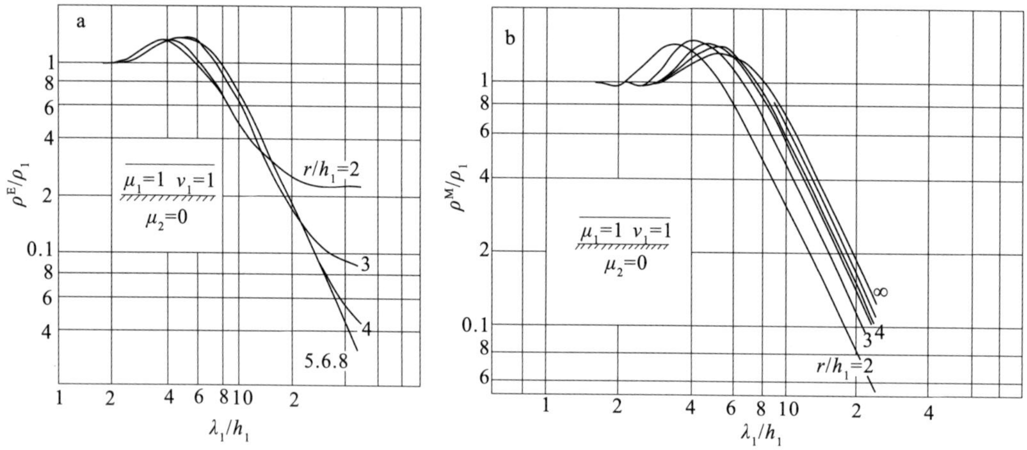

图 7 -3 -2 $\rho_2\to0$ 时频率测深二层振幅理论曲线

a—电场曲线；b—磁场曲线

为例子，图 7 -3 -3 给出了典型的 H 型断面频率测深振幅理论曲线。由图中可见，在高频段不同收发距的所有曲线均重合在一起，且经过理论坐标原点。这一部分实际上处于波区。这样，可进一步看出，在波区不管是磁场分量还是电场分量都遵循同一种规律，即曲线形态只依赖于地电断面参数，而与收发距无关。

如果，我们对 $\rho_3\to\infty$情况下电场视电阻曲线的右支渐近线按不同的 r 值画出 $\rho_\omega(r)$ 曲线，则在双对坐标系中将看到该线成为45°的上升渐近线。这便充分证明了 S 区的电场规律与直流电场规律相同。

图 7 -3 -4 是 K 型断面的频率测深曲线。从图中可以看到，收发距对 K 型曲线形态产生实质性影响。该断面的 $\mu_2=32$、$\nu_2=4$、$\mu_3=1/128$，在曲线上 $r/h_1=4$、10、15、20、25、30、40，以虚线给出 $\mu_2=32$ 的收发距为 $r/h_1=4$、10、20 的二层曲线。由图中可见，在小的收发距条件下（$r/h_1=4$），K 型曲线和二层 G 型曲线完全重合。固然，这时不能研究高阻层厚度及其下伏地层。随着收发距的增加，两类曲线不再重合了。因此，在实际工

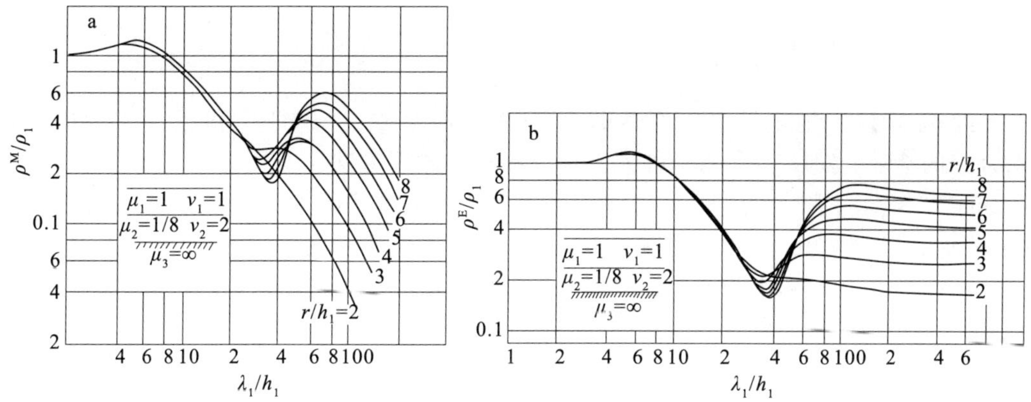

图 7－3－3　H 型断面频率测深振幅理论曲线

a—磁场曲线；b—电场曲线

作中为了区分断面类型，是二层 G 型还是三层 K 型，最好利用差别很大的两种收发距进行观测。另外，从图中还可以看出，在中等收发距条件下，曲线形状类似于二层曲线，且在低频率段视电阻率值与收发距的关系不明显。在足够大的收发距条件下，（$r/h_1=40$）才出现较典型的 K 型曲线，对这一曲线的解释无论从定性上还是定量上均较方便。

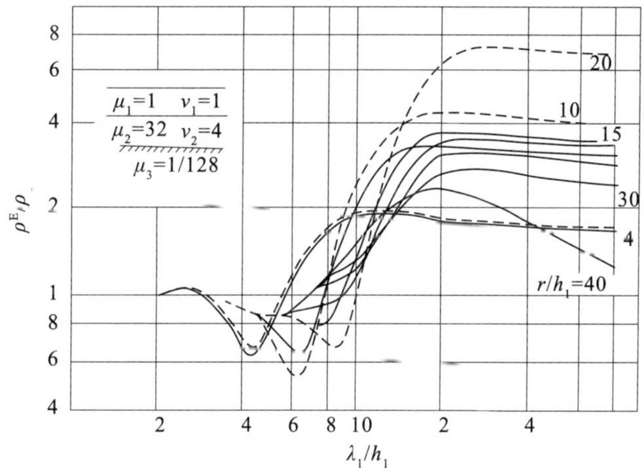

图 7－3－4　K 型电场曲线与收发距的关系

由层状介质正演获得的远区定义的视电阻率曲线可以得出如下认识：

无论是用电场定义的视电阻率还是用磁场定义的视电阻率，当观测点距离发射源较近，视电阻率曲线的低频段已与深部地电结构关系不大，此时不能从视电阻率曲线直接定性分析深部地电结构。事实上，人工场源的频率域电磁法，当频率较低或收发距较小时，已经不具备频率测深的功能，这时它已与直流电法的几何测深相近。基于此，人工场源电磁测深法应尽量工作在远区，下面第四节要讲述的可控源音频大地电磁测深法就是一种工作在远区的人工场源频率测深法，又称为可控源音频大地电磁测深法。

第四节　可控源音频大地电磁测深法

可控源音频大地电磁法（CSAMT）是在大地电磁法（MT）和音频大地电磁法（AMT）的基础上发展起来的一种人工场源频率域测深方法。实质上是人工场源卡尼亚（Cagniard）电阻率测深法，这种叫法较好地表示了本方法的3大特点：使用人工场源，而不是使用天然场源；测量卡尼亚视电阻率，而不是测量单分量（E_x 或 H_z）视电阻率；改变频率进行测深。频率测深的方法中，被动源的大地电磁测深和人工场源可控源音频大地电磁测深的应用最为广泛，因此将可控源音频大地电磁测深的方法列为单独的一节进行介绍。

为了克服音频（$n\times10^{-1}\sim n\times10^{3}$Hz）大地电磁法（AMT）观测上的一些困难，20世纪70年代初，加拿大多仑多大学的D. W. Strangway教授提出沿用AMT的测量方式，观测人工供电产生的音频电磁场。由于所观测电磁场的频率、场强和方向可由人工控制，而其观测方式又与AMT法相同，故称这种方法为可控源音频大地电磁法（CSAMT）。CSAMT法采用的人工场源有磁性源和电性源两种。磁性源产生的电磁场随距离衰减较快，为保持较强的观测信号，场源到观测点的距离（收发距）r 一般较小（$n\times10^{2}$m），故其探测深度较小（$<1/3r$），主要用于解决水文、工程或环境地质中的浅层问题。电性源是在有限长（1～3km）的接地导线中供音频电流，以产生相应频率的电磁场，通常称其为电偶极或双极源。该方法通常采用式（7－4－1）计算视电阻率：

$$\rho_{\omega}^{E_x/H_y}=\frac{1}{\omega\mu}\left|\frac{E_x}{H_y}\right|^2 \tag{7-4-1}$$

视供电电源功率（发送功率）不同，电性源CSAMT法的收、发距可达到十几千米，因而探测深度较大（通常可达2km），主要用于地热、油气藏和煤田探测及固体矿产深部找矿。目前，电性源CSAMT法应用很广泛，在寻找浅部隐伏金属矿、油气构造勘查，推覆体或火山岩下找煤，地热资源勘查和水文、工程地质勘查等方面都取得了良好的效果。

一、CSAMT的分类

根据场源的布置和测量方式将CSAMT分为：

1. 标量CSAET（图7－4－1a）

CSAET测量时只布置一个场源，测量一个分量 E_x 或 E_y，间或测量一个与被测电场垂直的水平磁场分量，以计算卡尼亚视电阻率。

CSAET测量只适用于一维构造而且磁场相当均匀的地区的普查工作。

2. 标量CSAMT（图7－4－1b）

标量CSAMT测量时布置一个场源，在测点同时测量互相垂直的水平电磁场分量 E_x 或 H_y 或 E_y 或 H_x，并以此计算卡尼亚视电阻率。

标量CSAMT适用于一维或已知构造主轴方向的二维地区。在构造复杂的地区，标量CSAMT成功与否完全取决于场源和测量方位的选择以及资料采集的密度，解释有发生错误的风险。例如，一条直线延伸且倾角很陡的断层，如果场源偶极垂直于断层的走向

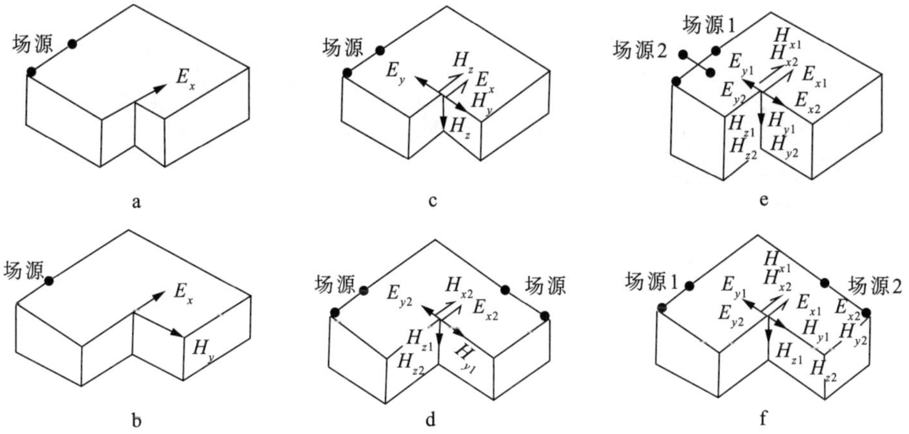

图 7－4－1　标量、矢量、张量 CSAMT 分类

a—标量 CSAET；b—标量 CSAMT；c—矢量 CSAMT；d—部分张量 CSAMT；e—张量 CSAMT；f—张量 CSAMT

（TM 极化），用标量 CSAMT 法是有效的；如果场源偶极平行于断层布置（TE 极化），断层的识别及其位置的确定就十分困难了。在构造复杂的地区，最好做网格状标量 CSAMT 法，或者采用矢量和张量 CSAMT 法。

由于标量 CSAMT 法测量的高效率、低成本，对地球物理学家和石油公司极具吸引力，这也是目前大多数 CSAMT 工作仍采用标量测量的原因。

3. 矢量 CSAMT（图 7－4－1c）

矢量 CSAMT 测量只是用一个场源，在测点测量 4 个或 5 个电磁场分量（E_x、H_y、E_y、H_x，有时也测 H_z）。矢量 CSAMT 测量可用于研究二维或三维构造，但与张量 CSAMT 相比，反演的非唯一性较严重。由于矢量 CSAMT 测量比张量 CSAMT 测量少 50% 的采集和处理工作量，因此其耗费也较低。

4. 张量 CSAMT（图 7－4－1d，e，f）

张量 CSAMT 测量要求布置两个场源，因为和天然大地电磁场不同，单场源电磁场的极化方向是固定的，不能用测量的结果计算张量 CSAMT 阻抗要素。因此，必须使用两个极化方向的场源。两个场源即可互相正交布置（图 7－4－1e），也可分开布置（图 7－4－1d，f），用张量 CSAMT 测量时，必须记录 5 个分量（E_x、H_y、E_y、H_x、H_z）。

二、CSAMT 的仪器和野外工作方法

1. 仪器和野外工布置（图 7－4－2，图 7－4－3）

CSAMT 的供电偶极距一般为 1～3km 长，测点距供电偶极的距离（收发距）5～10km。一般用不极化电极接收电场，其电极距 10～300m 不等。接收的磁场信号经绝缘线输送到接收器中与电场同时记录。在实际工作中究竟布置一个还是两个供电偶极，测量哪些分量，完全取决于所选的工作方法，是标量 CSAMT、矢量 CSAMT 还是张量 CSAMT。

CSAMT 测量的电源应该能提供频率范围很宽的、高稳定度的标准波形的电源，其输出电流为 20～100A，电压高达 1000V。为了获得高质量的相位资料，供电设备和测量装置之间必须有同步设备。

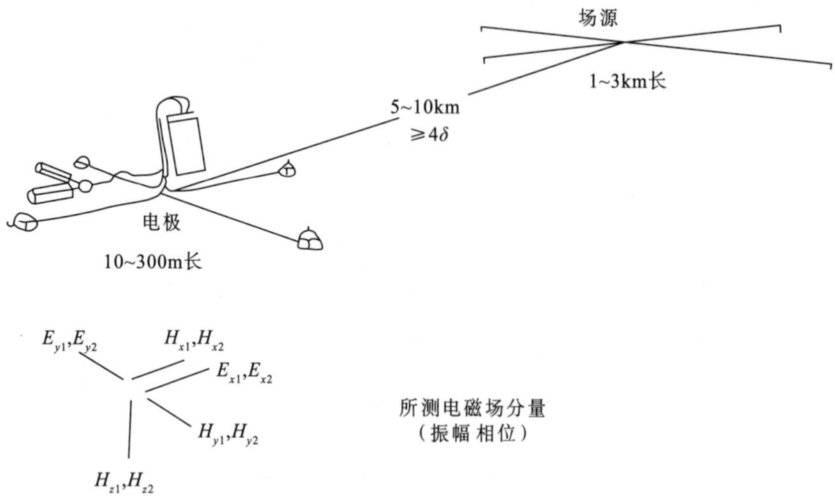

图 7－4－2　CSAMT 测量野外布置图

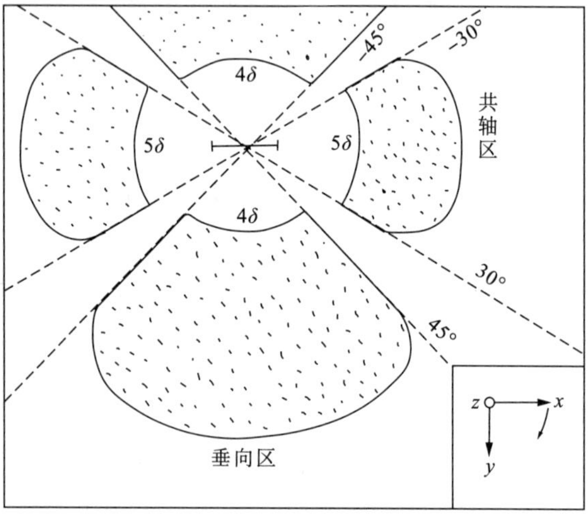

图 7－4－3　测量 E_x、H_y 的标量 CSAMT 最佳测量区

CSAMT 测量的仪器应该具有实时处理的数字化仪，频率范围要求从 0.1～2000Hz。为了使用更为有效，仪器应为多道。最高采样率要求达到 0.25ms，每道都要用去假频滤波器和抑制电源干扰的滤波器，同时整机的特性必须噪声低、输入阻抗高，道间干扰小。

2. 最佳测量分量和位置的选择

在实际工作中，如供电偶极布在 x 方向，一般选 E_x/H_y 作为标量 CSAMT 的测量值。如图 7－4－3 所示，称供电偶极的赤道区为“垂向区”，轴向区为“共轴区”的话，在垂向区 $r>4\delta$ 为远区，在共轴区 $r>5\delta$ 为远区。图中的阴影部分为测量 E_x、H_y，计算标量 ρ_{xy} 的最佳区域。

用 E_x、H_y 装置在垂向区工作时（图 7－4－4），不但场的信号强，而且野外工作也方便。因为测量偶极布置在 x 方向，不但测站移动时不需重新定向，而且布极和布线也都很方便，而用 E_y、H_x 装置时，就没有这种优点，除非测线沿 y 方向布置。果真如此，当测点远离场源时信号将会迅速衰减。因此，在垂向区测量 E_x、H_y 分量，这是标量 CSAMT 测量最常应用的装置。

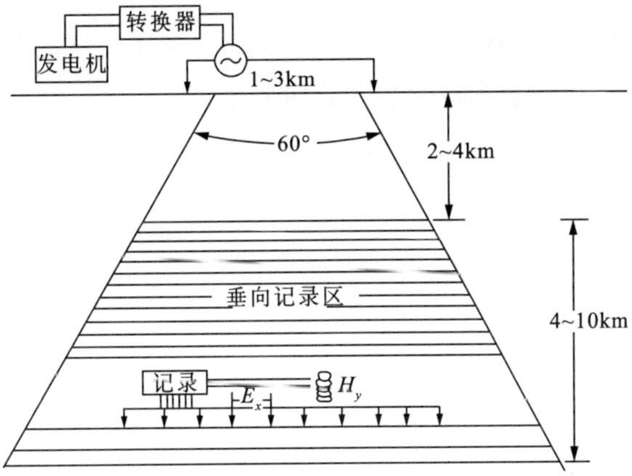

图 7 -4 -4　CSAMT 测量在垂向区的布置图

另一方面，在标量 CSAMT 测量中，很少在共轴区测量 E_x、H_y，除非在垂向区难以进行测量。矢量 CSAMT 和张量 CSAMT 测量就是另外一回事了，此时必须测量所有分量 E_x、H_y、E_y、H_x 和 H_z。

三、CSAMT 的近场效应与全区视电阻率

如前所述，只有在远区场可控源产生的场才近似大地电磁场，计算视电阻率卡尼亚公式才有效。一般，当发射偶极和接收点之间的距离 $L \geqslant 3\delta$ 时，CSAMT 的场才具有平面电磁波的特性。但是，穿透深度 δ 不仅与电阻率有关，而且与电磁波的频率有关，实际工作时很难保证在一个测深点上所有频率都具有平面电磁波的特性，多数 CSAMT 测量都得到过渡区或近区的数据。图 7 -4 -5 是均匀介质表面 CSAMT 测量的卡尼亚视电阻率曲线。在近区，它呈 45°直线的渐近线。

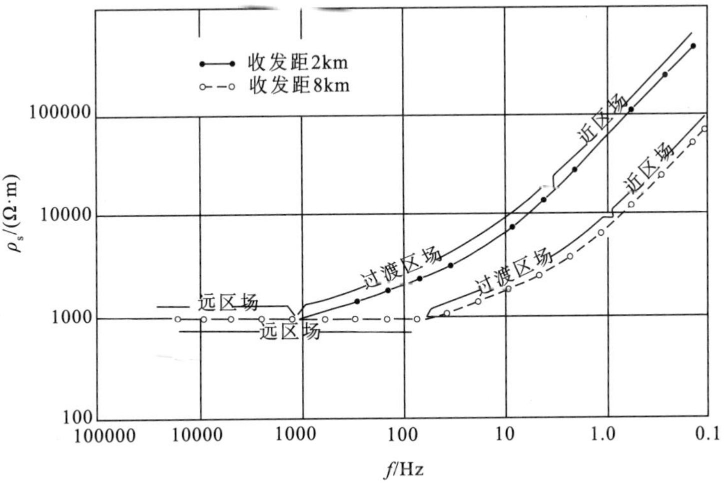

图 7 -4 -5　均匀半空间表面卡尼亚视电阻率曲张（介质电阻率为 1000 Ω·m）

由上面分析不难发现，即使是在均匀半空间的情况下，利用卡尼亚公式得到的视电阻率在低频段也出现了严重的畸变。对于这种畸变，我们可以将卡尼亚视电阻率换算为全区视电阻率的方法来消除近场效应影响。

电偶极子场在均匀半空间中电场和磁场公式式（7－1－32）和式（7－1－36）已经给出，按式（7－4－2）可计算卡尼亚理论视电阻率：

$$\rho_{\omega}^{E_x/H_y}=\frac{1}{\omega\mu}\left|\frac{E_x}{H_y}\right|^2 \quad (7-4-2)$$

式中：μ 为磁导率，H/m；ω 为角频率，rad/s。

全区视电阻率的计算流程如下：

1）给定初始电阻率 ρ；

2）将 ρ 代入式（7－1－32）和式（7－1－36）求得 E_x 和 H_y；

3）将求得的 E_x 和 H_y 代入式（7－3－19）求得理论视电阻率 ρ_s；

4）给定一个很小的正数 ε，判断 $\frac{|\rho_s-\rho_{测}|}{\rho_s}\leqslant\varepsilon$ 是否成立，如果成立则 ρ 就是全区视电阻率；如果不成立，令 $\rho=\rho+\Delta\rho$，$\Delta\rho$ 为给定步长，返回到步骤2），继续运行，直到满足判断公式；

5）输出全区视电阻率 ρ。

下面我们设计不同模型验证全区视电阻率能否消除近场效应影响。

模型一：均匀半空间中电阻率为100 Ω·m，发射源长度为10m，电流为10A，发射频率为1～8192Hz，收发距分别为1000m、2000m、4000m、6000m、7000m，测得视电阻率如图7－4－6所示，经过计算得到对应全区视电阻率（图7－4－7）。

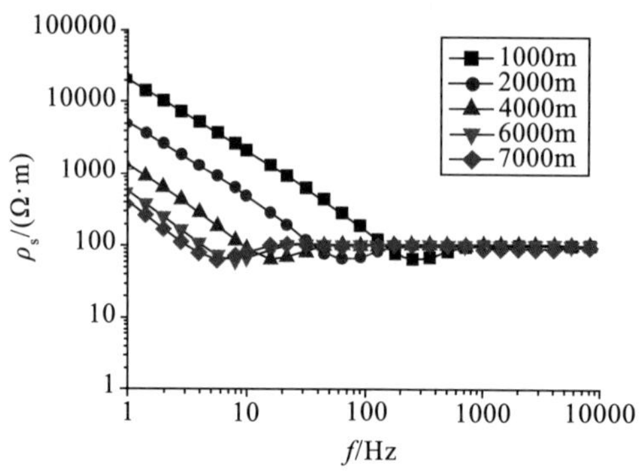

图7－4－6　不同收发距视电阻率曲线

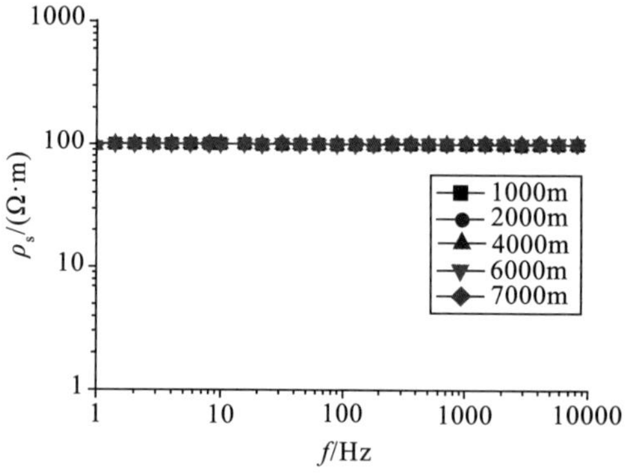

图7－4－7　不同收发距全区视电阻率曲线

通过比较图7－4－6和图7－4－7可以发现：正演得到的视电阻率受到近源效应影响，收发距越大，近源效应影响越小；做了全区视电阻率校正之后，视电阻率值不随着收发距改变而改变，并且消除了近源效应，视电阻率值全集中在背景电阻率附近。从而在做CSAMT反演时可以获得更多的深部信息。

模型二：对于水平层状模型，我们设计了二层地质模型，上层为厚度400m的电阻率为2000 Ω·m的均匀介质，下层电阻率为100 Ω·m，收发距为10000m，其他参数与模型一相同。正演得到视电阻率曲线（图7－4－8）和计算得到的全区视电阻率曲线（图7－4－9）。

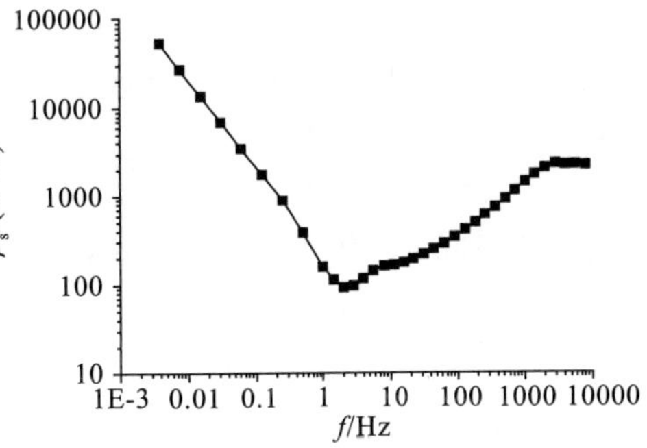

图 7－4－8　二层介质视电阻率曲线

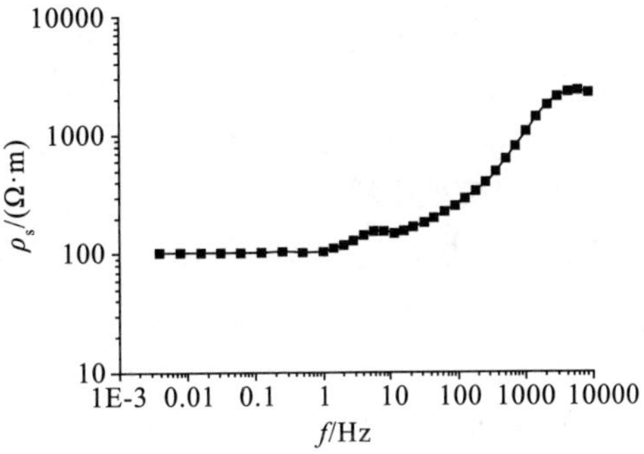

图 7－4－9　二层介质全区视电阻率曲线

通过比较图 7－4－8 和图 7－4－9 可以发现：视电阻率在高频时反映浅层信息，视电阻率值接近 2000 Ω·m，随着频率降低视电阻率接近 100 Ω·m，再降低时，由于近源效应，视电阻率值变大；而在做完全区视电阻率校正之后，低频时也能正确反映深部低阻信息。

通过上面两个模型对比，可以得出经过全区视电阻率的矫正得到的视电阻率可以很好地消除近场效应带来的影响，从而能更好地利用低频信息，使得用无源反演得到更准确的深部情况。

四、CSAMT 的地形效应

所有的电场测量结果都受地形起伏的影响发生畸变，如图 7－4－10 所示。等位线和电流线在山脊附近分开，而在山谷靠拢。TM 极化方式下的视电阻率拟断面如图 7－4－11 所示。

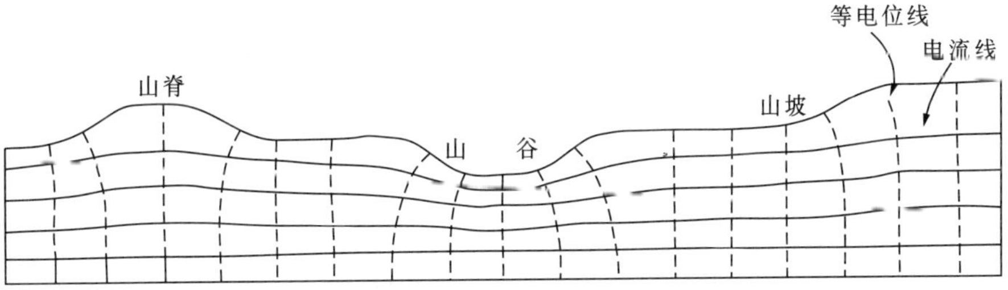

图 7－4－10　电流线分布图

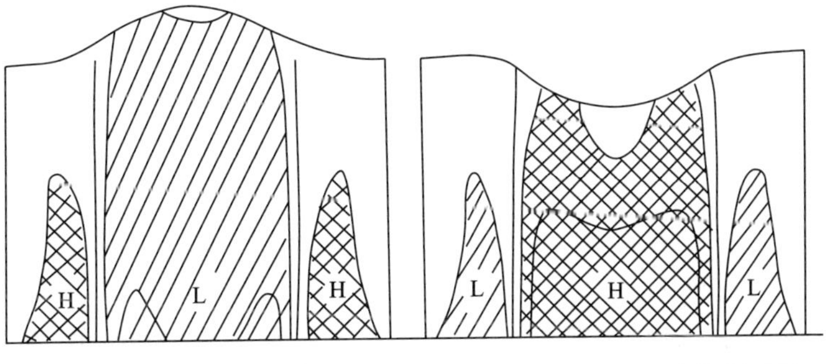

图 7－4－11　凸地形（左）与凹地形（右）上的视电阻率拟断面图

在山脊下深处表现为虚假的低电阻率异常（L），而在山谷下深处为高电阻率异常（H），在异常的两边出现上冲/下冲的特征。Wannamaker 等（1986）对地形问题做了很好的论述。下面是我们的地形模拟结果以及分析：

1. 山峰模型模拟

下面我们设计一个经典的山峰模型，研究起伏地形情况下视电阻率的变化规律。

该模型是典型的三维正四棱柱山峰模型，经常用于检验带地形大地电磁或者可控源电磁算法的正确性。如图 7－4－12 和图 7－4－13 所示，山峰的顶界面是边长 450m 的正方形，底界面同样是边长为 2000m 的正方形，且上下界面的距离为 450m。假设均匀大地和山峰内介质的电阻率为 100 Ω·m，空气的电阻率为 10^8 Ω·m，1km 长的发射源平行于 $y=0$ 的方向放置，发射频率为 2Hz，发射电流为 10A，其中心点与上峰底界面的中心原点 O 的距离为 18000m。接收测线过中心原点 O，沿着 $y=0$ 的方向放置，范围是 $x=-1500\sim1500$m。

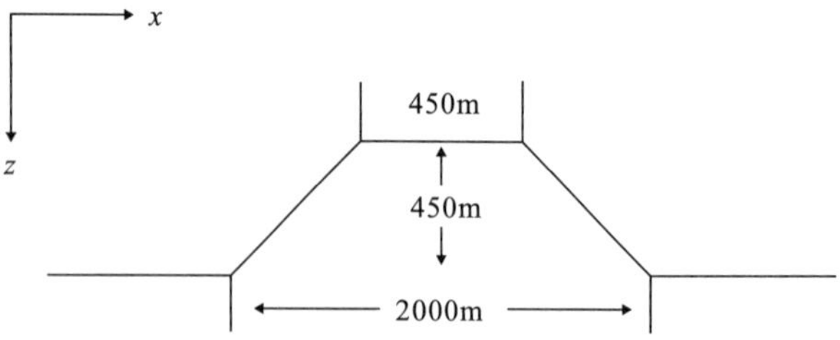

图 7－4－12　纯地形模型 x 方向剖面图

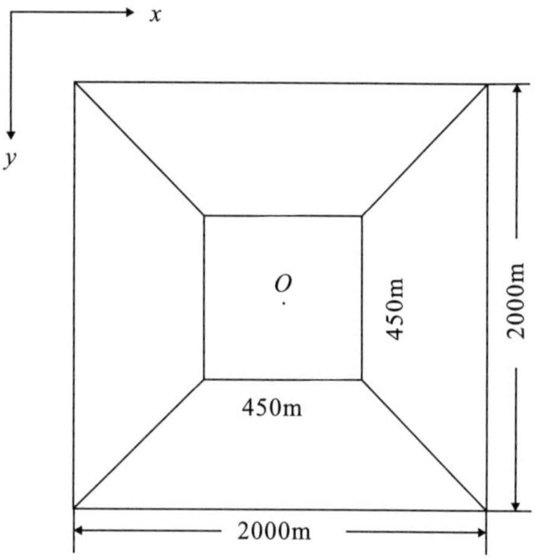

图 7－4－13　纯地形模型 z 方向俯视图

由于之前并未有学者进行过三维带地形可控源电磁法正演的研究，因此本节利用顾观文（2014）研究的相同模型下三维带地形大地电磁正演的响应与本节中的可控源电磁法的正演响应相比较。因为收发距比较大，可以视为地层波在地形和接收点处已经衰减完毕，即进入远区观测，所以，可以将可控源电磁法正演得到的电磁场 E_x 和 H_y 转换为卡尼亚视电阻率，并与矢量有限元方法在相同模型计算得到的大地电磁（MT）的视电阻率 ρ_{xy} 相比较。图 7－4－14 是两个不同方法的视电阻率比较图，可以看出两者的视电阻率值基本吻合。此外，从定性的角度分析，山峰模型会使地表处的电流密度减少，从而导致山峰处显示出低阻异常体的特征，这也与模型试算的结果一致。

2. 山谷模型模拟

该模型是拟二维的山谷模型（图 7－4－15）。谷底的边长在 x 方向的边长为 200m，顶面 x 方向的边长为 1600m，且谷底至地表的直线距离为 240m，整个山谷沿走向 y 方向延伸至 ±6000m。假设均匀大地和山峰内介质的电阻率为 100 Ω·m，空气的电阻率为 10^8 Ω·m，发射源长度为 1m，电流为 1A，发射频率为 100Hz，中心点坐标与山谷底界面

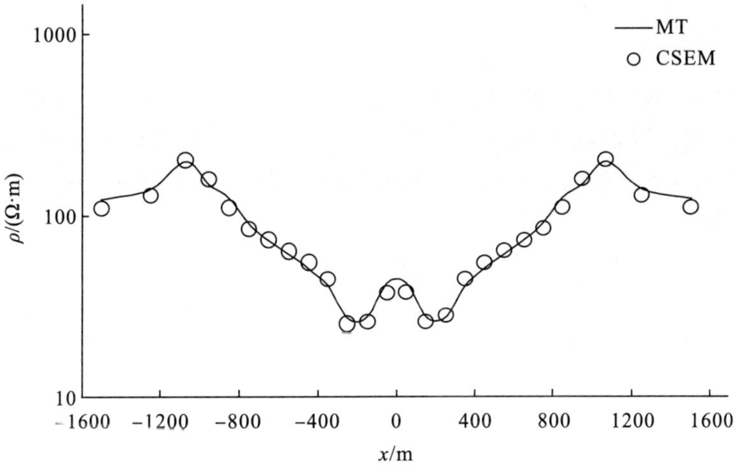

图 7-4-14　可控源电磁法视与大地电磁测深视电阻率对比图

的中心原点 O 的距离为 5500m。轴向接收的测点沿着 $y=0$ 的方向放置，范围是 $x=-1500\sim1500$m。正演后得到了该模型的视电阻率响应曲线，如图 7-4-16 所示。

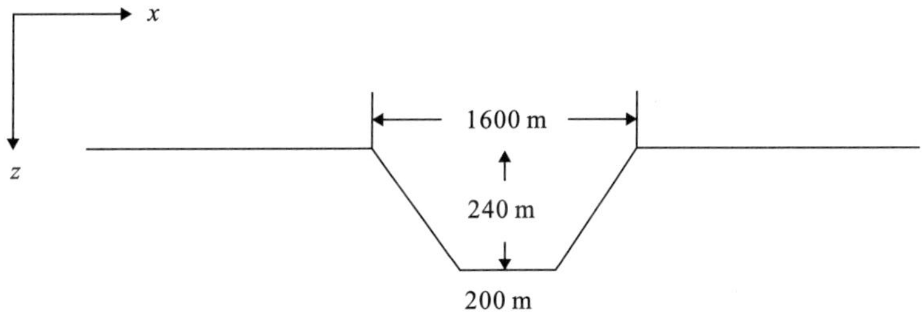

图 7-4-15　山谷模型 x 方向剖面图

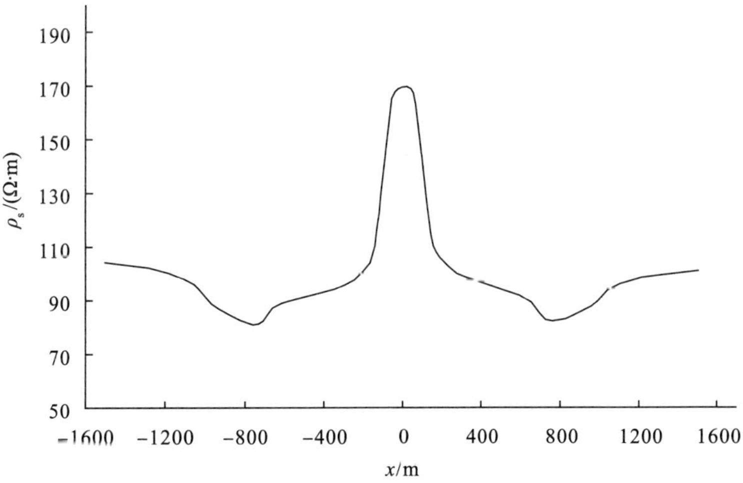

图 7-4-16　山谷模型卡尼亚视电阻率曲线图

从定性的角度分析，山谷模型会使地表处的电流密度聚集增多，从而导致山谷处显示出高阻异常体的特征，证明图 7-4-16 中的电阻率曲线符合规律。

五、CSAMT 的场源效应

在进行 CSAMT 测量时，如果在场源与观测点之间存在异常体，当发射频率较低时，由于地层波的作用，得到的视电阻率较均匀，大地下会发生波动，这种影响称为阴影效应。当异常体位于场源下方时，也会对观测点处视电阻率造成影响，这种特殊的阴影效应称为场源复印效应。

Zonge 等（1980）首次指出场源下的地质体情况可能影响 CSAMT 测深数据。例如，过渡带有时出现在比预期更高的频率。他把这些现象和有关的效应称为“场源复印效应”。图 7-4-17 所示为 Maclness（1987）给出的二维模拟结果，他们认为模型 A 位于水平的两层大地上测量，显示出典型的“过渡带”和“近区”特点。模型 B 使用的场源位于基地埋深较浅的地方，显示出很不相同的响应。首先是低谷移到了较高频，这就造成某种直觉，似乎总的地下电阻率抬高了，过渡带向上移动了。如果测点下方基底变浅也可能产生类似的结果。也要注意到，模型 B 的低谷要陡峭得多，这也与测深点下基底变浅的效果相类似。因此有场源下地质体引起的这种附加现象，其响应趋向于测深点下具有同样地质体分布的相应相类似。

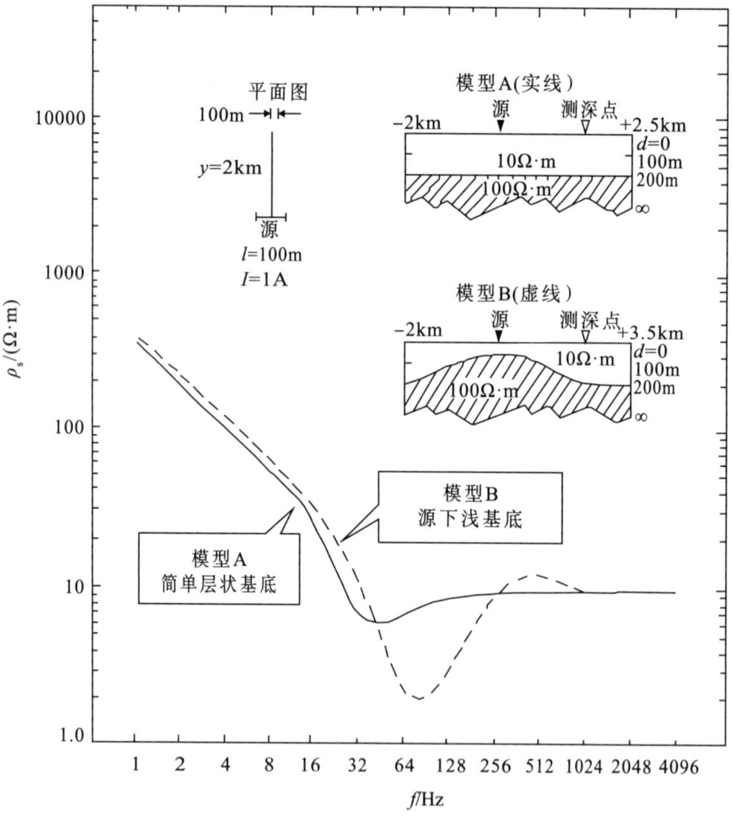

图 7-4-17　场源复印效应的二维模拟结果

场源附加效应的一个变种是所谓“场源阴影效应”（Kuznetzov，1982），这个效应是由场源和测深点之间的地质体所引起的。如图 7-4-18 所示，尺寸为 0.5km × 0.5km 的二维导体模型埋在均匀半空间中，他们用 Maclness 算法进行近区改正后的数据显示由于测深通过导体（垂直的阴影带）的影响以及场源投射阴影的影响（斜的阴影）。阴影从场源下斜，离源越远越散开。

我们可以通过正演模拟来验证阴影效应的影响。

当发射与接收之间不含异常体时，设地下电阻率为 100 Ω·m，发射频率为 0.1 ~ 100Hz，激发源坐标（ -6000，0，0），激发源偶极矩 $p_E = 1A·m$。正演得到的近区和过渡区的拟断面图如图 7 -4 -19 所示，发现在过渡区同一观测点，发射频率越低，由于近源效应的存在得到的视电阻率越高。

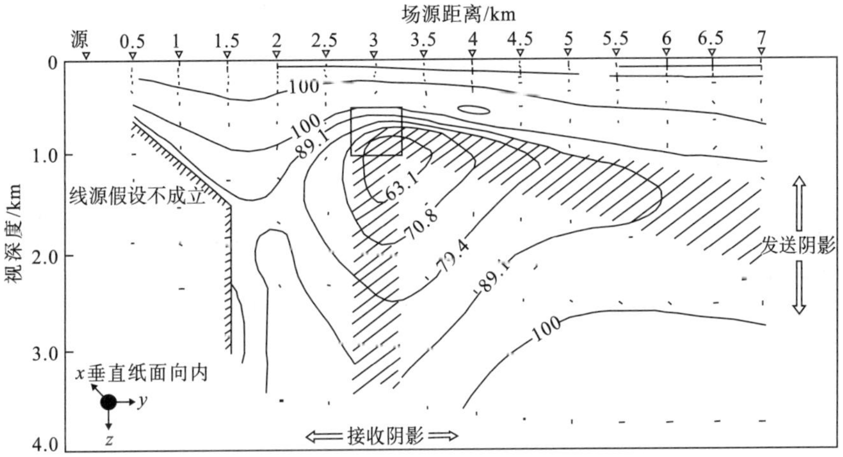

图 7 -4 - 18　场源阴影效应的二维模拟结果

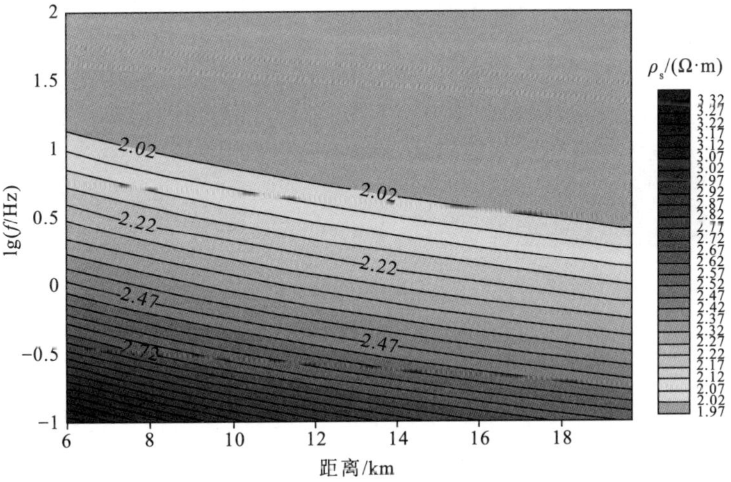

图 7 -4 -19　过渡区视电阻率拟断面图

图 7 -4 -20 为地下放置的一个异常体模型，设置模型异常体大小为 100m ×1000m × 100m，异常体电阻率为 10 Ω·m（低阻）或 1000 Ω·m（高阻），异常体中心坐标为（0，0，500），背景电阻率为 100 Ω·m，频率从 0.1 ~ 100Hz，激发源坐标（ -6000，0，0），激发源偶极矩 $p_E = 1A·m$。正演得到的拟断面图如图 7 -4 -21 ~ 图 7 -4 -24 所示。

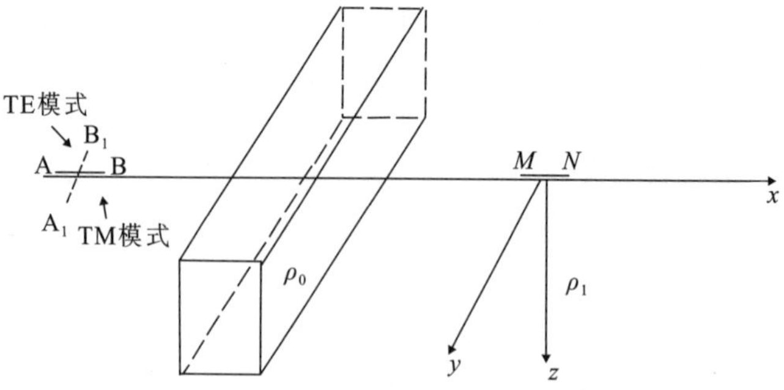

图 7－4－20　模型与收发装置示意图

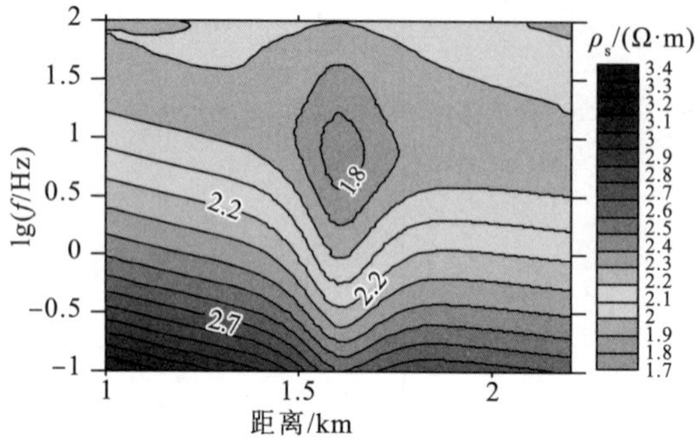

图 7－4－21　TE 模式下低阻异常体拟断面图

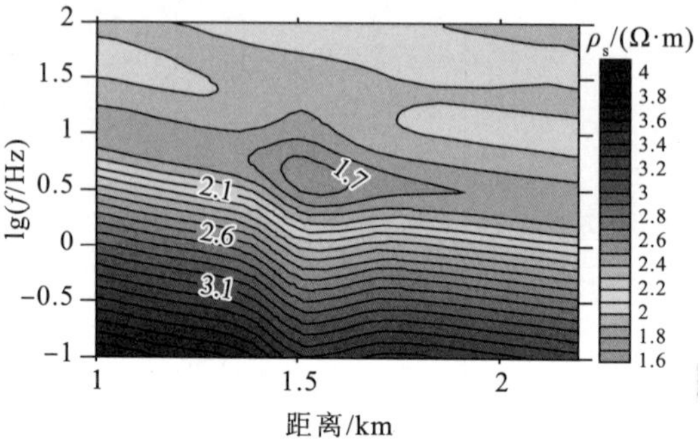

图 7－4－22　TM 模式下低阻异常体拟断面图

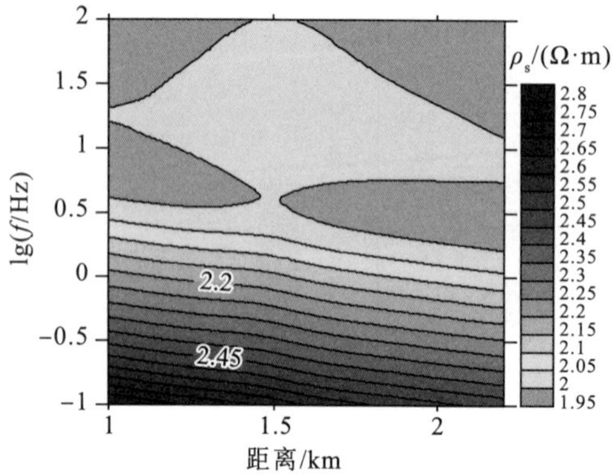

图 7－4－23　TE 模式下高阻异常体拟断面图

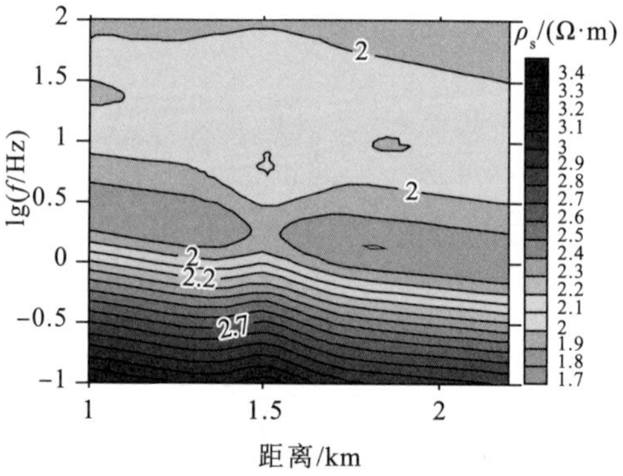

图 7－4－24　TM 模式下高阻异常体拟断面图

比较上面 4 幅断面图（图 7－4－21～图 7－4－24）发现，在发射与接收中间存在异常体时（低阻或高阻），若异常体为低阻，接收点视电阻率较均匀大地下变低，异常体为高阻时，接收点视电阻率较均匀大地下变大；异常体为低阻时，地层波衰减迅速，观测点更容易满足到达远区条件，为高阻时，地层波衰减较慢，不容易满足远区条件；另外 TM 模式要比 TE 模式所造成的影响大；最后当观测点到达远区时阴影效应的影响便会减弱。

阴影效应和场源复印效应是由于观测点不满足远区条件时由地层波所引起，是近源效应的一种附加效应。并不能由简单的校正就能消除掉，为了减少这些源效应的影响，在野外测量时，要尽量在远区进行测量。

六、CSAMT 的静态效应

当地下浅地表存在不均匀体时，这些非均匀体上电荷的分布可能使电场数据向上或者向下移动一个数值，并且一般与频率关系不大，且视电阻率曲线也发生位移。如果视电阻率曲线向上或者向下移动一个值并且保持平行，但相位曲线保持重合，则称这一现象为“静态效应”。“静态效应”是由于地形和电阻率的浅部的横向变化引起。效应的强度可达两个数量级，在推断深度时引起大的误差，并使构造的解释复杂化。“静态效应”可能在某种程度上影响所有的电场测量，Larsen（1975，1977，1981），Berdichevskiy 和 Dmitriev（1976）曾经最早涉及这个问题，Ting 和 Hohman（1981）说明了三维模型的效应，Warner 等（1983）和 Wannamaker（1983）提出了一个简单的校正方法，该法是以给定区域的平均电阻率为基础。Sternberg 等（1984）用类似的方法进行静态校正，他们采用平均测点电阻率移动平均滤波。Andrieux 和 Wightman（1984）提供了关于静态现象的一种解释，并且提出了一种要么根据模拟、要么根据独立的 TEM 数据的校正方法。Sternberg 等（1985）提供了这一方法的野外实例，Bostick 提出了利用穿过测量地区的短偶极 E 场测量的空间滤波方法（Bostick 1986；Word 等，1986；Shoemaker 等，1986）。

图 7－4－25 是一个模拟“静态效应”模型的模型参数及模拟结果。电偶极子坐标为（0，0，0），地质体坐标为（0，8000，150），背景电阻率为 100 Ω，低阻 1 Ω，地质体规模（400m×200m×200m），观测频率由 1～100Hz。

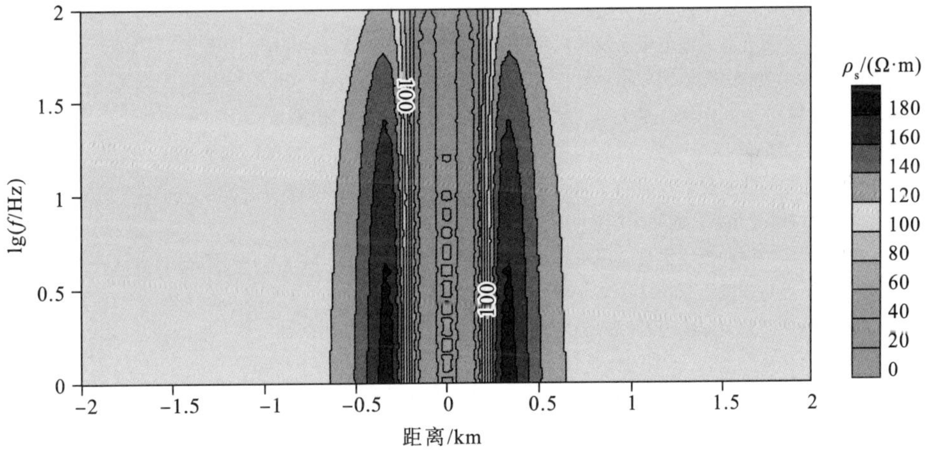

图 7－4－25　静态效应的视电阻率拟断面图

在异常体正上方可以看到一个低阻条带，在异常体中心两侧对称分布，并且其电阻率在纵向上不发生变化，这是由于浅层地质体横向上的典型不均匀导致面电荷的出现，致使在同一测点电场值总是相同而不受频率的影响，这就是所谓的“静态效应”。

关于静态效应的校正问题，有如曲线平移法、滤波方法等方法，此外还有直接反演静位移量的方法（伍亮等，2015），在实际应用应根据地质情况具体选择校正方法。

参考文献

波斯坦道弗 . 1980. 大地电磁勘探原理 [M]. 徐世浙译 . 北京：地质出版社 .

陈家琦 . 2002. 水资源学 [M]. 北京：科学出版社 .

陈文华 . 1985. 音频大地电磁法和可控源音频大地电磁法 [J]. 国外地质勘探技术，(4).

陈仲候，王兴泰，杜世权 . 1993. 工程与环境物探教程 [M]. 北京：地质出版社 .

傅良魁，李金铭，陈兆洪 . 1985. 埋藏极化体激电时间谱视参数的实验研究结果 [J]. 地质与勘探，(12)：40 – 45.

傅良魁，李金铭 . 1982. 国外电法勘探的发展概况 [J]. 国外地质勘探技术，(7).

傅良魁 . 1983. 电法勘探教程 [M]. 北京：地质出版社 .

傅良魁 . 1991. 应用地球物理教程：电法放射性地热 [M]. 北京：地质出版社 .

顾观文，吴文鹂，李桐林 . 2014. 大地电磁场三维地形影响的矢量有限元数值模拟 [J]. 吉林大学学报（地），44 (5)：1678 – 1686.

卡明斯基 Г Н. 1958. 地下水的普查与勘探 [M]. 北京：地质出版社 .

李金铭 . 2005. 地电场与电法勘探 [M]. 北京：地质出版社 .

刘国兴 . 2005. 电法勘探原理与方法 [M]. 北京：地质出版社 .

牛之链 . 2003. 瞬变电磁法原理 [M]. 长沙：中南工业大学出版社 .

朴化荣 . 1990. 电磁测深法原理 [M]. 北京：地质出版社 .

石昆法，戚洪彬 . 2002. 西部水资源研究系列之四：地层含水性研究的地球物理方法 [J]. 地球物理学进展，17 (4).

石应骏 . 1985. 大地电磁测深法教程 [M]. 北京：地质出版社 .

汤井田，等 . 2005. 可控源音频大地电磁法及其应用 [M]. 长沙：中南大学出版社 .

田钢，刘菁华，曾昭发 . 2005. 环境地球物理教程 [M]. 北京：地质出版社 .

王大纯，张人权，史毅虹，等 . 1995. 水文地质学基础 [M]. 北京：地质出版社 .

伍亮，李桐林，朱成，等 . 2015. 大地电磁测深法中静态效应及其反演 [J]. 地球物理学进展，(2)：7.

伍亮 . 2015. 大地电磁测深法中静态效应的反演研究及应用 [D]. 长春：吉林大学 .

薛琴访 . 1978. 场论 [M]. 北京：地质出版社 .

袁桂琴，等 . 2011. 地球物理勘查技术与应用研究 [J]. 地质学报，85 (11)：1744 – 1805.

曾昭发，等 . 2009. 工程与环境地球物理 [M]. 北京：地质出版社 .

曾昭发，等 . 2021. 地热资源地球物理勘探方法与应用 [M]. 北京：地质出版社 .

张建军 . 2020. 水文学 [M]. 北京：中国林业出版社 .

张人权，梁杏，等 . 2018. 水文地质学基础（第七版）[M]. 北京：地质出版社 .

张胜业，潘玉玲 . 2004. 应用地球物理学原理 [M]. 武汉：中国地质大学出版社 .

张胜业 . 1985. 一种可用于深部隐伏矿勘探的新方法——可控源音频大地电磁法 [J]. 地质科技情报，(4).

Berdichevsky M N, Dmitriev V I. 1976. Basic principles of interpretation of magnetotelluric sounding curves [M].

Berg C A, Sternberg R J. 1985. A triarchic theory of intellectual development during adulthood [J]. Developmental Review, 5 (4): 334 – 370.

Dahlin T, Zhou B. 2004. A numerical comparison of 2D resistivity imaging with ten electrode arrays [J]. Geophysical Prospecting, 52: 379 – 398.

Kuznetzov A S, Kuznetzov G M, Onegin E E, et al. 1982. Laser – plasma source of X – ray radiation [C] //III All – Union Conference on Laser Optics.

Larsen J C. 1975. Low Frequency (0. 1 – 6. 0 cpd) Electromagnetic Study of Deep Mantle Electrical Conductivity Beneath the Hawaiian Islands [J]. Geophysical Journal International, (1): 17 – 46.

Lisbeth S Larsen. 1981. A three – year survey of micro fungi in the outdoor air of copenhagen 1977 – 79 [J]. Grana.

Padwa A, Wannamaker M W. 1986. Significance of the anomeric effect on the configurational stability of cyclopropyl carbanions [J]. 27 (23): 2555 -2558.

Telford W M. 2011. 应用地球物理（第二版）[M]. 陈石等译. 北京: 科学出版社.

TELFORDW M, GELDARTL P, SHR E. 2011. 应用地球物理 [M]. 北京: 科学出版社.

Zonge K L, Hughes L J. 1980. The Complex Resistivity Method [J]. Geophysics, 46 (4): 463 -463.